U0143976

無印良品

收納・家事
好感生活提案

瑞昇文化

前言

不擅長整理、忙於家事／工作／育兒、沒有時間打掃……
如果你也有這些煩惱，一定要參考本書介紹的生活智慧，
利用無印良品的商品搞定收納、打掃、洗衣服等大小家事。
無印良品的商品，設計簡約且方便使用，
能幫助你更加靠近理想的生活。

本書採訪了許多整理收納顧問
還有Instagram KOL，
介紹他們如何使用無印良品的商品
打造清新舒適的生活環境。

書中也刊載了其他無印良品產品使用者的真實心聲。
相信你一定能從中找到解決自身煩惱的點子。

如果發現自己感興趣的做法，請務必嘗試看看。
願各位讀者的生活，從翻開書頁的今日起變得更加舒適。

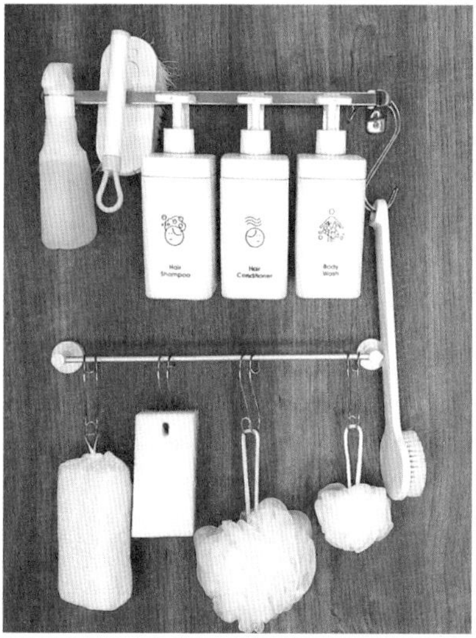
Hair Shampoo
Hair Conditioner
Body Wash

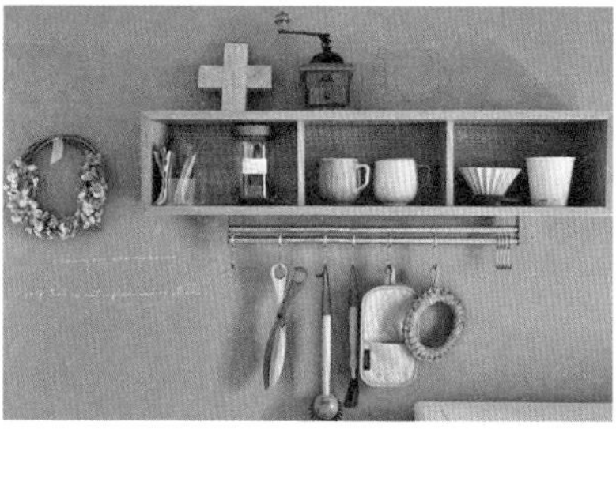

如何閱讀本書

本書刊登了許多使用無印良品商品收納、打掃、洗衣服的範例，搭配實際的照片，詳細介紹商品資訊與使用者的心得。

除了常見的商品，也包含一些鮮為人知的法寶，怕麻煩或沒時間的人，只要模仿書中介紹的方法，也能打造清新舒適的生活。

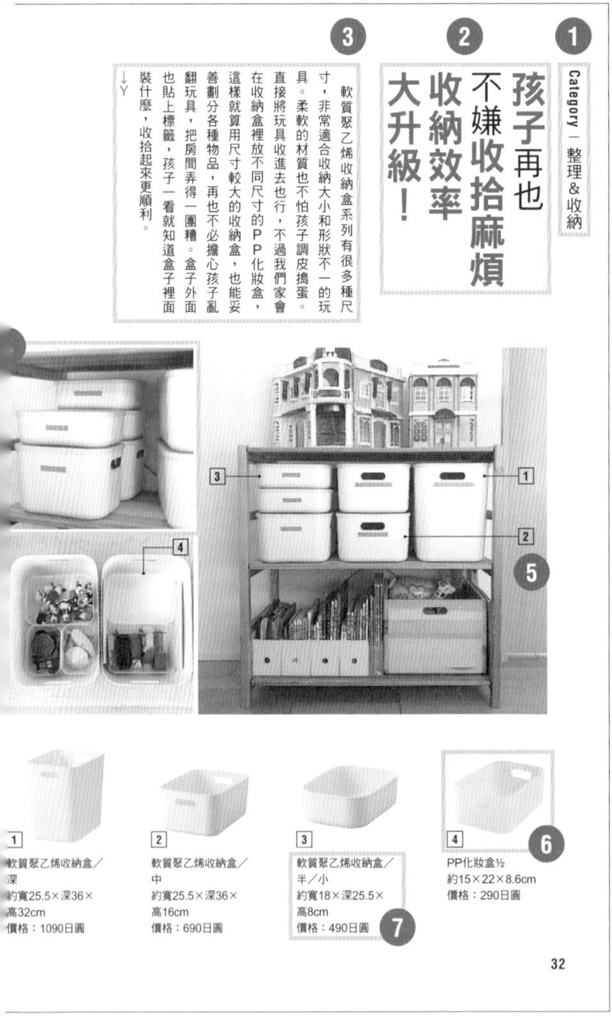

1
2
3
Category｜整理&收納
孩子再也不嫌收拾麻煩
收納效率大升級！
軟質聚乙烯收納盒系列有很多種尺寸，非常適合收納大小和形狀不一的玩具。柔軟的材質也不怕孩子調皮搗蛋。直接將玩具收進去也行，不過我們家會在收納盒裡放不同尺寸的PP化妝盒，這樣就算用尺寸較大的收納盒，也能妥善劃分各種物品，再也不必擔心孩子亂翻玩具，把房間弄得一團糟。盒子外面也貼上標籤，孩子一看就知道盒子裡面裝什麼，收拾起來更順利。
↓Y
5
6
7
1 軟質聚乙烯收納盒／深 約寬25.5×深36×高32cm 價格：1090日圓
2 軟質聚乙烯收納盒／中 約寬25.5×深36×高16cm 價格：690日圓
3 軟質聚乙烯收納盒／半／小 約寬18×深25.5×高8cm 價格：490日圓
4 PP化妝盒½ 約15×22×8.6cm 價格：290日圓
32

1 用途分類

清楚標示商品和點子應用於哪些家事。

2 使用方法

重點整理商品的使用方法與訣竅。

3 解說

詳細介紹商品的使用方法與其他便利的應用方式。

4 範例

展示商品實際使用方式的照片。

5

商品編號

比對照片上各種商品的編號，即可確認該商品的詳細資訊。

6

商品照片

商品的實際照片。

7

商品詳細資訊

詳細列出商品名稱、價格、大小和長度等資訊。

8

使用場所說明

標示該商品使用於家中的什麼地方。

8

整理&收納－Living

一個籃子就能建立起一套收納系統！

客廳旁邊擺了專門放印刷品的籃子，孩子也能一起整理東西。占位子的印刷品全部放入這個不鏽鋼收納籃，方便親子一起看。mujikko女士說：「一旦感覺不方便，或人生進入下一個階段時，我就會重新檢視收納處的位置。」隨著孩子的成長或夫妻工作狀況的變化，靈活調整收納系統，才是輕鬆保持房間整潔的秘訣。

→mujikko-RIE

1

不鏽鋼收納籃4
約寬37×深26×高18cm
價格：1990日圓

2

壓克力間隔板／3間隔
約13.3×21×16cm
價格：1190日圓

33

閱讀須知

※本書綜合了《無印良品清新生活與收納哲學》（暫譯，二〇一九年X-knowledge出版）、《無印良品整理・打掃・洗滌　家事哲學》（二〇一八年瑞昇文化出版）、《無印良品空間規劃哲學》（二〇一八年瑞昇文化出版）的內容，並進行了大幅度的增訂與修訂。

本書刊載的資訊，最後更新日期為二〇二四年三月。商品的價格和規格可能變動。關於無印良品商品的詳細資訊，請查閱無印良品官方網站（https://www.muji.net/）。所有標明價格之商品均已計入消費稅。關於未標明價格等資訊之私人持有物品，可能已經停產。讀者在執行本書介紹的方法之前，請務必確認商品之構造、性質與注意事項，並自行負責。

整理收納達人使用印良品的收納規則&生活智慧大公開！

不擅長收納、打掃的人必看！
只要使用生活達人推薦的
無印良品商品，再也不必煩惱
「沒有時間！」
「不知道怎麼整理！」

本次介紹個人推薦商品的無印良品愛好者

在理想的家中
打造療癒空間的
整理&收納術！
整理收納顧問
安藤秀通

可以全家人
一起整理東西的
超強收納法！
超人氣Instagram KOL
Mina

家裡就是要擺一堆
自己喜歡的東西！
北歐風收納術。
北歐式整理收納顧問
Kaori

美觀與實用性兼具的
完美收納籃
收納也能好清新！

建立孩子自己
也能輕鬆容易整理的
收納機制

層架不要塞太滿
適度留白的收納
毫無壓力！

整理收納顧問

安藤秀通
使用無印良品
打造理想的房間。

只留下自己人生中必要的東西
實現理想的生活型態。

翻開就能看到
收納的內容
cables

cables

安藤先生喜歡扎實且外觀簡練的物品。「鍍鋅收納盒」系列貼上標籤，可以避免雜亂感。

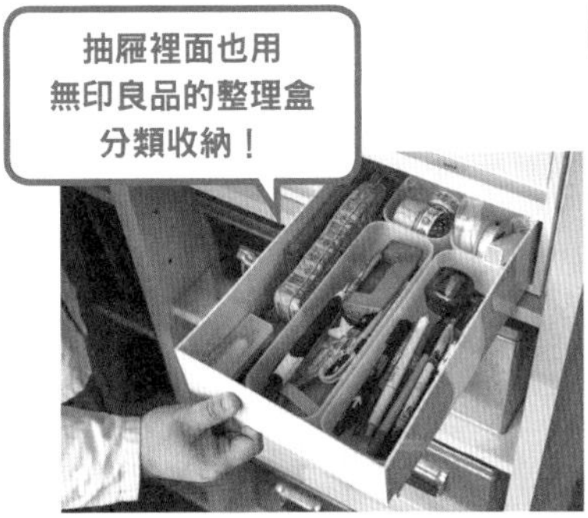

抽屜裡面也用
無印良品的整理盒
分類收納！

1 抽屜內的文具用「PP抽屜整理盒」分類，有條不紊。
2 常常不知道要收在哪裡的電腦和iPad，使用「壓克力間隔板」，不僅外觀俐落，取用也方便。

安藤先生是一名空間風格師，也是一名整理收納顧問，目前與伴侶兩人生活在東京都內一座翻修過的公寓。聽說安藤先生也曾擁有七百件T恤，房間裡堆滿了用不完的東西。因此，這一次我們邀請他分享安藤流生活法則。

「煩惱家裡總是亂糟糟的人，先從整理自己的東西開始。」安藤先生說。「捨棄不必要的物品，才能看見自己真正需要的，進而過上舒適的生活」。他也告訴我們，避免囤積物品，不僅能增加居家空間，心靈也會變得更加富足。

Profile

目前與男性伴侶兩人共同生活於東京都內一間翻修過的47㎡公寓。他曾任職於美術館和水族館的館內商店營運公司，負責陳設規劃與企劃銷售。現轉為自由工作者，經手空間風格規劃和整理收納顧問的案子。他也會舉辦講座，無私分享房間規劃資訊，受到各個年齡層的愛戴，還受邀至企業和地方公共設施開辦課程。2023年出版了首本著作。

Instagram：@hidemaroom

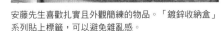

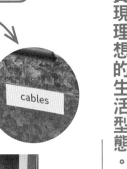

＼安藤先生精心規劃的盥洗室大公開！／

整理得條理分明
卻不失溫度的空間

1 「抽屜式的PP盒」方便管理衣物，即使沒有摺得很仔細，看起來也很整齊。

2 「敏感肌化妝水（乳液型）」刺激性低，包裝簡樸，直接擺出來也不難看。

3 使用「可堆疊藤編／長方形籃／中」收納備用品。外觀時尚且容量十足，非常實用。

4 「不鏽鋼收納籃」系列具有適度的開放感，通風良好無比。取用毛巾時也很順暢。

仔細規劃盥洗室的動線，洗衣服時連一步都不用動。

安藤先生對盥洗室的收納特別講究：「這些收納用品擺放的位置，都是為了創造洗衣服時不需要移動半步就能完成的動線。」

「在這裡洗完、烘完衣物後，可以直接在洗衣機上摺襪子、毛巾、內褲和手帕，然後收進背後的抽屜和籃子裡就完成了。」安藤先生藉由仔細規劃收納空間，不必移動任何一步就能夠完成原本摺衣服、收進衣櫥的繁瑣流程，從而大幅減輕自己以及家人的負擔。

此外，無印良品的收納盒抽屜內有隔板，即使衣物沒有摺得很仔細，看起來也很整齊，這也是安藤先生喜歡的一點。

細分備用品的收納空間 剩餘的分量和種類 一目瞭然。

「可堆疊藤編／方形籃／大」中放入「鋼製書架隔板」或盒子，按物品種類直立收納，便於管理庫存，避免自己購買多餘的東西。

整盒直接
端上餐桌
收拾也好輕鬆！

納豆和果醬使用「冰箱內整理托盤／大」各自收納。果醬一律裝進「PP整理盒」，要吃的時候直接整盒端上餐桌，非常方便。

食譜可以用「不鏽鋼絲夾／掛鉤式」夾好吊起來。除了食譜，安藤先生也會用來收納自己喜歡的魚形鍋墊和抹布。

廚房裡的東西總是又多又雜，有食材、餐具和廚房用具。如果隨意收納，管理起來也很困難，容易害自己添購多餘的東西，或將食材放到壞掉等等。「為了妥善管理各種備用品，我會按種類用不同的盒子直立收納。這樣剩餘的分量和種類都能看得一清二楚。」安藤先生說。

在冰箱裡面也同樣使用了無印良品的「冰箱內整理托盤」和「PP整理盒」，將東西收納得乾乾淨淨。

打造一套能利用空檔輕鬆打掃環境的機制就能保持房間整潔。

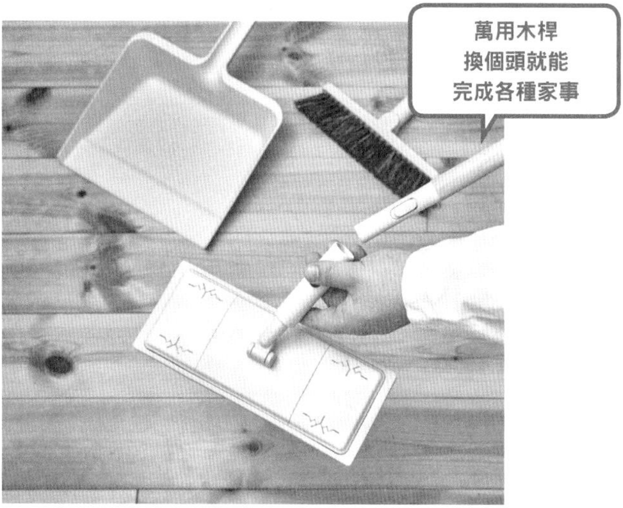
萬用木桿
換個頭就能
完成各種家事

「掃除系列／木製桿」不僅能裝上掃帚頭，還可以換裝其他掃除系列的頭部配件。

發現髒汙
隨手一擦
清潔溜溜！

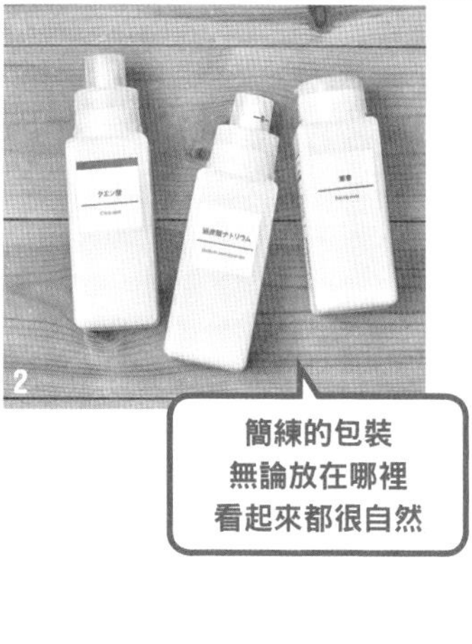
簡練的包裝
無論放在哪裡
看起來都很自然

1 「聚丙烯濕紙巾盒」的蓋子容易打開，方便頻繁清潔，相當實用。
2 無印良品的清潔劑系列商品尺寸小巧，包裝設計簡練，不會造成雜亂的觀感。

無印良品的清潔用品，最大特色就是清新脫俗的簡樸包裝，安藤先生也十分喜愛：「市面上的清潔劑大多五顏六色，無印良品的清潔劑包裝卻十分簡練，無論放在哪裡都能自然融入居家裝潢。」

此外，安藤先生最中意的是實用性。「掃除系列／木製桿」可以裝上各種清潔用品的頭部配件，一桿在手就能打掃整間屋子。用途多元的小蘇打粉和檸檬酸，以及利用空檔清潔環境時不可或缺的濕巾盒，都是安藤先生必備的清潔道具。

超人氣Instagram KOL

Mina

有了無印良品，
家有幼童也能過上清新生活。

決定好每樣物品的固定位置，即使東西亂七八糟也能輕鬆整理。

Mina女士家裡總共有四個人，在忙碌的日子裡，她究竟採取了哪些方法保持房間整潔？於是我們向她請教各種講究的收納技巧。

首先，Mina女士非常重視打造「容易整理的空間」。「重點是讓自己和其他家人都知道東西的收納位置。」她說，「尤其和室壁櫥收著全家人的物品，小東西林林總總，但因為使用無印良品的收納盒整理，即使採開放式收納也相當整齊。」正如Mina女士所言，她利用無印良品的產品，打造了理想的收納方式。

可以隨心所欲
組合成各種形式

無印良品的「自由組合層架」系列搭配各種「組合收納櫃／抽屜」，用來收納小東西。並且避免將抽屜塞太滿，保留適度的空間。

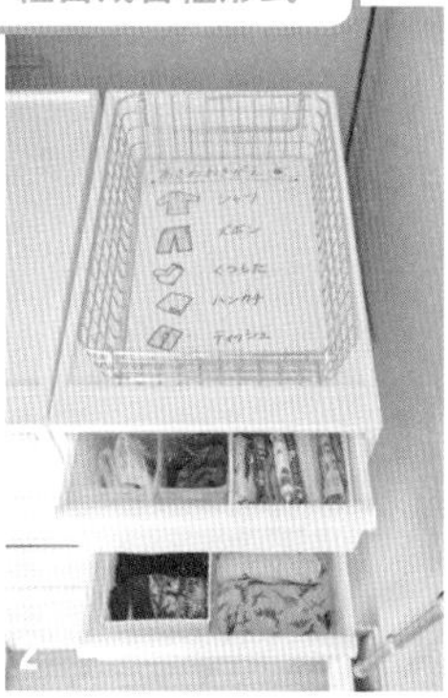
2

1
孩子的照片
裝入相簿
按月份保存

1 使用「聚丙烯高透明相本／3段」按月份收藏兒子的照片，即使放了很多張照片也不會變得厚厚一疊。

2 自製的換衣服小卡放入「不鏽鋼收納籃2」，讓兒子學會自己完成上學前的準備。

Profile

Instagram KOL，與丈夫、10歲的長子、4歲的次子和一隻狗一起生活。她每天都在Instagram上分享全家大小都能輕易上手、提升生活舒適度的收納方法。起初是因為生了孩子，待在家的時間變多，才開始使用無印良品的產品。她打造的房間以自然風格為基調，充滿溫馨感，得到許多追蹤者的支持。至今也曾多次登上電視節目和媒體報導。

Instagram：@minapon1018

每天進進出出的廚房充滿提升下廚興致的廚房工具與收納技巧。

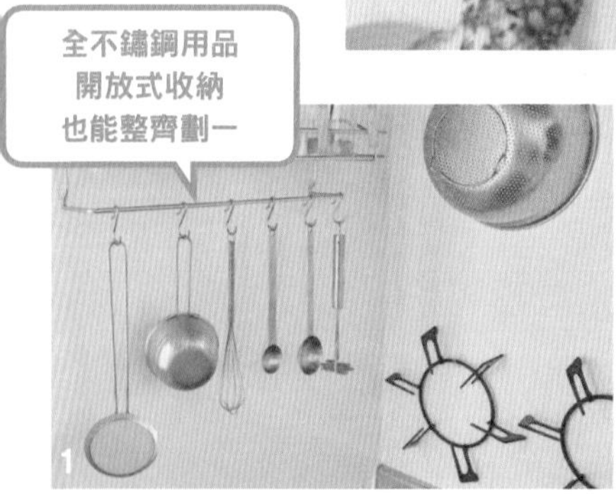

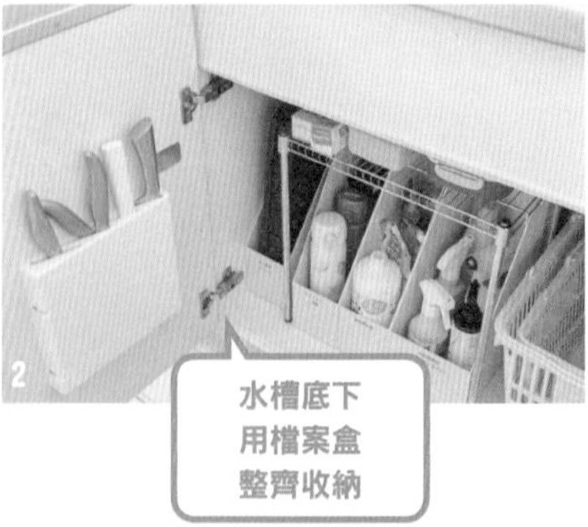

全不鏽鋼用品
開放式收納
也能整齊劃一

水槽底下
用檔案盒
整齊收納

1 Mina女士也喜愛無印良品的「不鏽鋼」系列的廚房工具，可以提升她下廚的動力。

2 瓶身較高的清潔劑使用「聚丙烯立式斜口檔案盒」系列收納於水槽下方，和灰姑娘的玻璃鞋一樣尺寸剛剛好。

Mina流廚房收納法則，是充分利用有限的空間，並選用能提升自己興致的物品，例如簡約的不鏽鋼廚房用品。

按照她的收納法則，水槽下方使用「聚丙烯立式斜口檔案盒」系列，將瓶身較高的清潔劑收納得整整齊齊，也方便拿取。

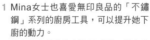

無印良品的商品設計簡約又有溫度放在家中任何一處都能融入周遭環境並且大大發揮作用！

千變萬化的
自由組合層架
當作書櫃使用！
「自由組合層架／2層／寬版基本組」當作兒子的書櫃，放圖鑑和地球儀。

用「椰纖編
長方形盒」
保管零食
收納盒質感自然，無論擺放在廚房、餐廳都能融入其中。

輕鬆掛上！
使用安裝方式簡單的「壁掛家具／三連掛鉤」收納幼兒園書包、帽子和室內鞋。

用來收納兒子幼兒園物品的「壁掛家具／三連掛鉤」，用來收納零食的「椰纖編長方形盒」都是無印良品超好用的產品。

客廳的兒童書櫃也是無印良品的「自由組合層架／2層／寬版基本組」，孩子隨時可以拿出書本翻閱他們感興趣的內容。

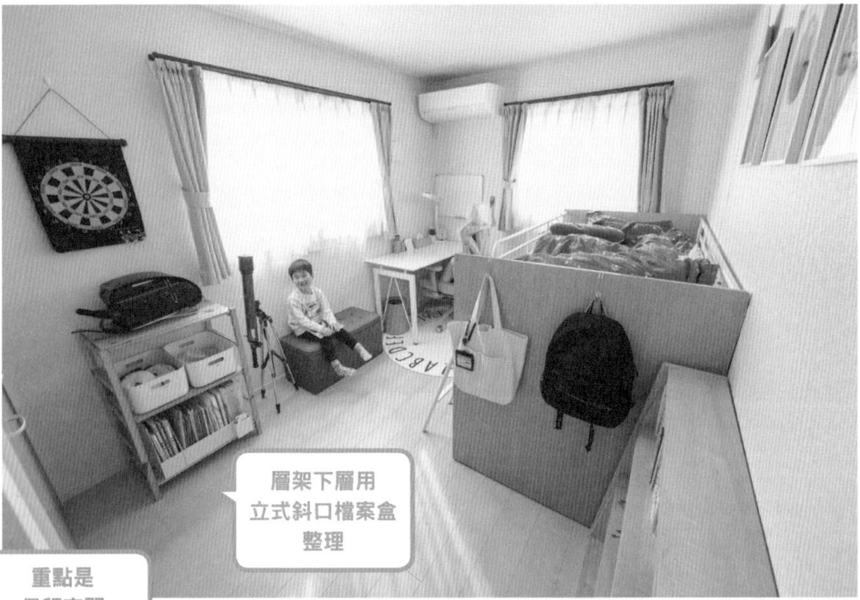

層架下層用
立式斜口檔案盒
整理

重點是
保留空間
不要塞太滿！

使用「軟質聚乙烯收納盒／中」收納並避免塞得太滿。保留一點空間就不需要東翻西找，可以避免東西翻得一團亂。

「貼標籤搭配簡單的收納方法打造孩子也能輕鬆容易上手的收納機制讓孩子學會妥善整理自己的東西。」

孩子的房間也發現了許多讓孩子自己也能輕鬆容易整理東西的收納巧思。

用「松木組合架」系列收納書包，並搭配「軟質聚乙烯收納盒／中」，保留適度空間。「東西不要塞太滿，保留一點空間，這樣好拿也好收。」Mina女士說。此外，組合架下層使用了「聚丙烯立式斜口檔案盒」系列整理教科書和考卷，讓孩子方便自行拿取和整理。

比較重的包包
用堅固一點的
掛鉤收納

圖書館用的包包和背包使用「S掛鉤／防橫搖型」收納。只要將包包掛上去即可，包包再也不會隨意扔在地上。

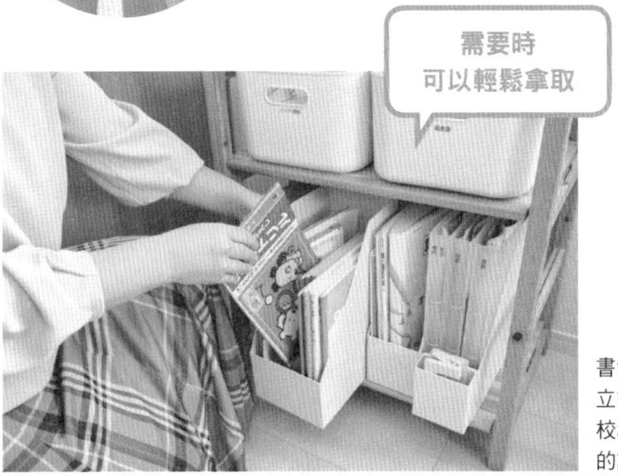
需要時
可以輕鬆拿取

書包收納區的下層，使用「聚丙烯立式斜口檔案盒」系列統一整理學校和補習班的教科書，以及複習用的試卷。

造型簡單
方便使用

Mina女士也喜歡「指針式壁鐘／小」、「桌上型月曆」和「紙筒裝繪圖色鉛筆／60色」。這些物品的造型簡單，但質感溫馨，相當契合孩子的房間裝潢。

北歐式整理收納顧問

Kaori

用無印良品
創造溫馨簡約的房間。

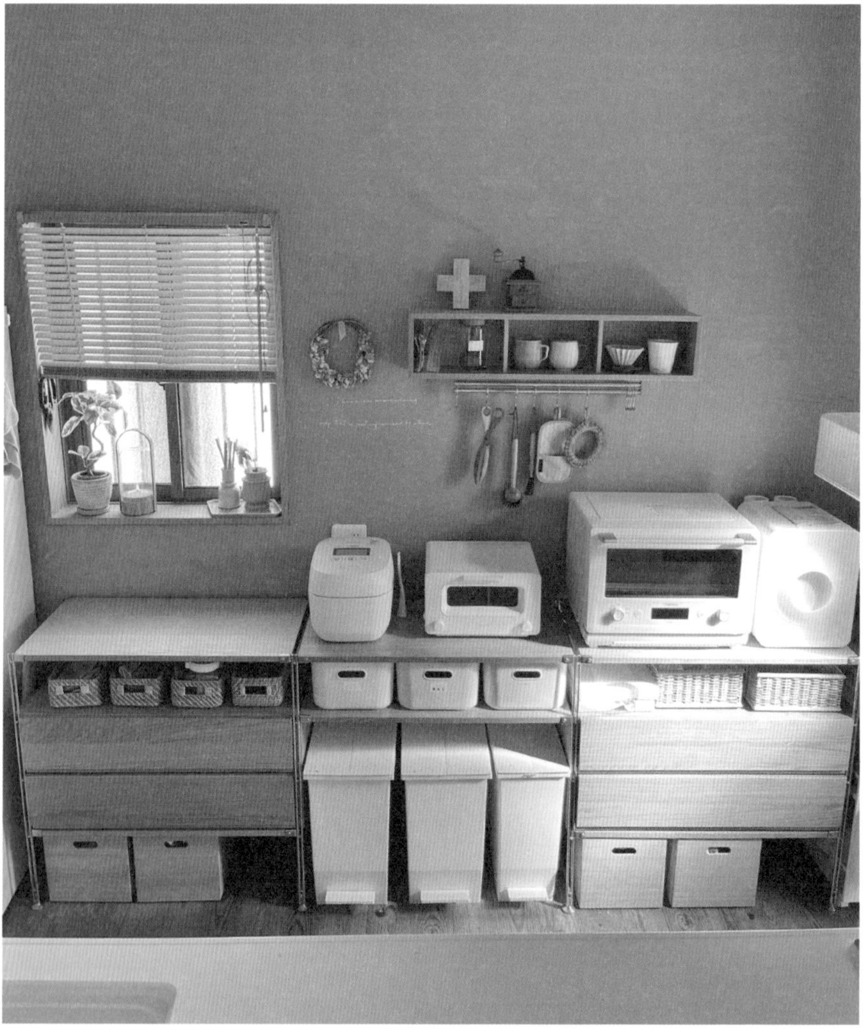

喜歡層架保留適度的鬆散避免造成壓迫感。

一家四口外加一隻貓的Ｋａｏｒｉ女士家，是充滿自然與溫馨氛圍的北歐風裝潢。Ｋａｏｒｉ女士運用了各種無印良品的商品，精心規劃更加舒適的生活環境。

首先最吸引人的，是廚房背面的收納。無印良品的「ＳＵＳ層架組」在這裡大顯身手。「我喜歡它保留適度的鬆散，可以配合生活型態的變化隨時調整。」正如Ｋａｏｒｉ女士所說，這款層架組造型簡約且用途廣泛，非常適合生活型態和喜好經常變動的人。

1 Kaori女士希望將廚房背面設計成展示區，於是安裝了「壁掛家具／箱／88cm」。上頭放了許多擺出來也好看、具有咖啡館風格的物品，例如常用的木杯子和咖啡粉

2 零食用「軟質聚乙烯收納盒／中」收納。收納盒內也進一步分類，讓孩子也能輕鬆分辨零食的種類以及開封與否。家裡所有人也都能一目了然。

按照使用頻率，由上到下規劃收納的東西。第一層用「藤籃／提把」收納天天會用到的東西；第二層放常用的餐具；第三層則收納偶爾使用的餐具。

Profile

北歐式整理收納規劃師，透過Instagram和部落格介紹許多以北歐自然風為主題的室內設計、收納方法與自己喜愛的用品。因為迷上溫馨又清新的北歐風室內裝潢，而開始使用無印良品的商品，如今已經是無印良品重度愛好者。目前與丈夫、兩個孩子以及一隻寵物貓一起生活。

Instagram：@puu.tuuli

Kaori流！七十二變的
＼ 自由組合層架收納法 ／

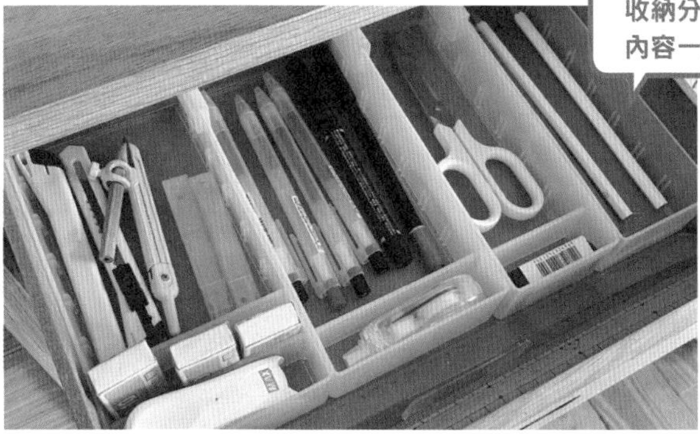
收納分門別類
內容一清二楚

使用「PP抽屜整理盒」系列將文具收納得條理分明，無論是自己還是家人都能馬上找到自己要用的東西，也方便取用。

規定工作用的包包收進「聚酯纖維麻收納箱／長方形／大」，避免隨意扔在沙發或桌上。

深度十足的抽屜櫃
連吹風機也能
輕鬆收納

使用深度十足的「橡木組合收納櫃／半型／抽屜／2個」收納吹風機和化妝品。要用時可以將整個抽屜直接拉出來，非常方便。

善用種類豐富的組合收納櫃抽屜雜七雜八的東西也能收納得乾乾淨淨。

無印良品的組合收納櫃抽屜非常適合用來收納雜七雜八的東西，Kaori女士也非常喜愛這款產品，並且極力推薦：「我在自由組合層架中放了各種規格的抽屜櫃。這些抽屜櫃外觀簡約，放進層架也不會卡得太緊，用途也相當千變萬化，樂趣十足。」

無印良品的「組合收納櫃／抽屜」款式多元，可以根據想收納的物品挑選。因此，使用自由組合層架時，絕對少不了這些抽屜櫃。Kaori女士實際上使用了三種抽屜櫃，收納文具、化妝品和電線等等，打造容易取用物品的收納空間。

收納空間有限的玄關，主要利用「壁掛家具／三連掛鉤」採取懸吊式收納的方式。搭配「掛鉤／防橫搖型／大」可以掛孩子上才藝班用的包包、帽子和球棒等物品。

充滿自然風情
令人著迷的外觀

配合盥洗室的DIY裝潢，安裝「壁掛家具／箱」，美觀程度與收納能力都無與倫比。

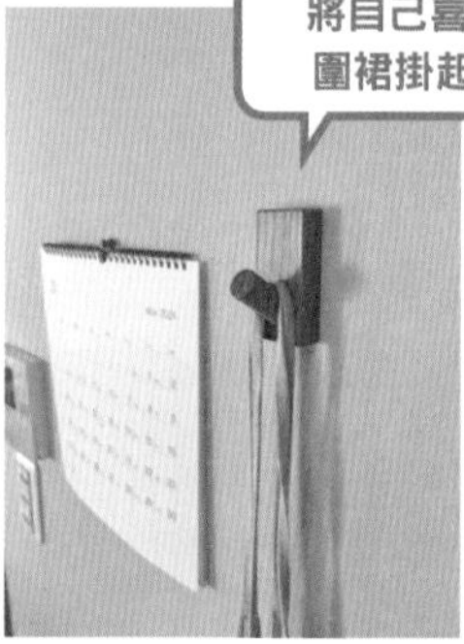
將自己喜歡的
圍裙掛起來！

無論掛上什麼東西都能美得像幅畫的「壁掛家具／掛鉤」，用來掛Kaori女士每天使用的心愛圍裙。

用途超廣泛的「壁掛家具」系列是居家收納的超級幫手。

「壁掛家具」系列產品安裝簡單，女性也能輕易上手，而且用途廣泛，因此相當受歡迎。Kaori女士也在家中玄關、廚房、盥洗室等多處安裝了這些產品。

「壁掛家具系列外觀自然，而且非常實用。我們家的玄關和盥洗室非常注重懸吊式收納，使用這些商品也成功做到了開放式收納。」Kaori女士說。

據Kaori女士所說，玄關安裝「壁掛家具」系列不僅提升了空間的收納能力，懸吊式收納也更便於打掃，不必將東西挪來挪去。

除此之外，盥洗室和廚房也安裝了「壁掛家具／箱」和「壁掛家具／掛鉤」，充實了各個居室的收納空間。

擁有強大收納能力的抽屜盒能夠輕鬆容納孩子與日俱增的東西。

「抽屜式的PP盒」用來收納孩子上學用的名牌、口罩和手帕。將抽屜盒放在書包旁邊，讓孩子自己準備上學所需物品。

直立式收納
容量超乎想像！

Kaori女士喜歡用「聚丙烯檔案盒／標準型／½」收納孩子愈來愈多的遊戲片。採直立式收納，方便取用又能容納大量物品。

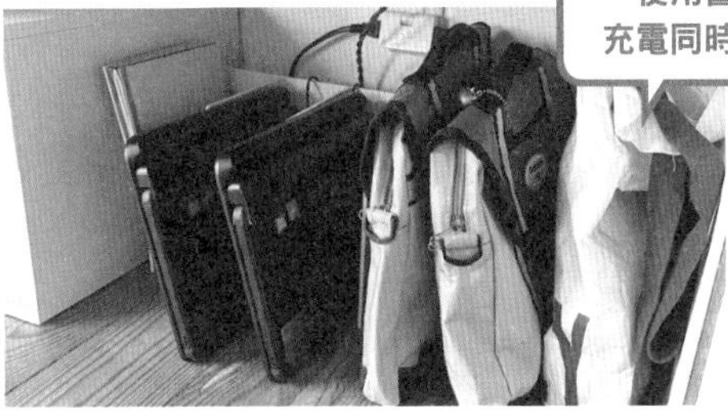
使用書架隔板
充電同時完成收納

孩子上學使用的平板電腦利用「鋼製書架隔板」收納，充電時即完成收納，非常方便。

Kaori女士有兩個孩子，家中有很多遊戲片和學校的用品。以下是她替兩個孩子規劃的物品收納技巧。

「孩子上學要用的口罩和手帕等物品，用抽屜式的PP盒收納，並且放在書包旁邊，讓孩子自己準備上學所需物品。」PP盒內有隔板，可以細分空間，保持內部整齊。

至於不斷增加的遊戲片，則使用「聚丙烯檔案盒／標準型／½」收納。「聚丙烯檔案盒深度足夠，遊戲片的盒子可以立著放，而且內部空間寬敞，即使是占空間的遊戲片也能收納得整整齊齊。」Kaori女士說。

使用收納能力超群的無印良品抽屜式PP盒，即使孩子的物品一天比一天多，也能收納得有條不紊。

用無印良品輕鬆又清新的整理&收納技巧。

用經典商品卻跌破眼鏡的精彩收納術。
學會之後，家裡永遠井然有序
從此擁抱清新舒適的生活。

Category | 整理&收納

善用盒子收納讓客廳看起來整潔清新！

保持客廳寬敞的秘訣，就是盡可能將物品收進櫥櫃或盒子裡面。無印良品的自由組合層架系列，可以根據需求隨時往上或往側邊追加櫃位，不僅能充當書架或展示架，也可以當作隔間櫃使用。而且能依生活狀況自由增減配件或重新組裝，隨心所欲地調整成想要的樣子。

自由組合層架搭配通風性極佳的椰纖編收納籃，就能做到隱藏式收納。將五顏六色的玩具和DVD收進盒子之中，並且蓋上蓋子，就不會破壞客廳的氛圍。常用的東西放在最下層，幼童也能輕鬆拿取。

↓渡邊

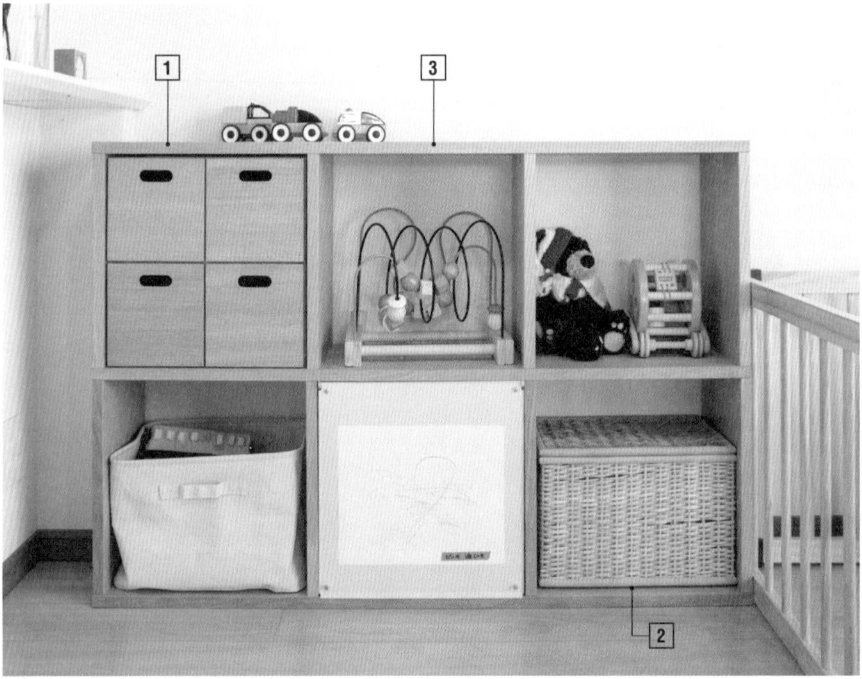

1

橡木組合收納櫃
抽屜／4個
寬37×深28×
高37cm
價格：6990日圓

2

椰纖編長方形籃／大
寬約37×深26×
高24cm
價格：1990日圓

※蓋子另售

3

自由組合層架／
橡木／3×2
寬82×深28.5×
高121cm
價格：
2萬9900日圓

常用物品
交錯配置，毫不浪費空間。

想要將東西收得整潔美觀，訣竅在於交錯運用隱藏式收納與開放式收納。善用無印良品的組合收納櫃，就能打造零壓迫感的收納空間。這個系列的產品可以單獨使用，也可以自由堆疊或並排使用。而且款式種類豐富，例如四段的抽屜可以用來收納小東西，二段的抽屜可以收納郵件或明信片，決定好每種抽屜櫃放的東西，就能避免遺失。

此外，將這些抽屜櫃放入無印良品的自由組合層架，就能達成外觀漂亮又兼具實用性的收納空間。其他的空格還可以擺放玩偶或書籍。

↓藤田

1

橡木組合收納櫃
抽屜／4個
寬37×深28×
高37cm
價格：6990日圓

2

橡木組合收納櫃
抽屜／4段
寬37×深28×
高37cm
價格：6990日圓

3

橡木組合收納櫃
抽屜／2段
寬37×深28×
高37cm
價格：5990日圓

孩子再也不嫌收拾麻煩 收納效率大升級！

軟質聚乙烯收納盒系列有很多種尺寸，非常適合收納大小和形狀不一的玩具。柔軟的材質也不怕孩子調皮搗蛋。直接將玩具收進去也行，不過我們家會在收納盒裡放不同尺寸的ＰＰ化妝盒，這樣就算用尺寸較大的收納盒，也能妥善劃分各種物品，再也不必擔心孩子亂翻玩具，把房間弄得一團糟。盒子外面也貼上標籤，孩子一看就知道盒子裡面裝什麼，收拾起來更順利。

↓Y

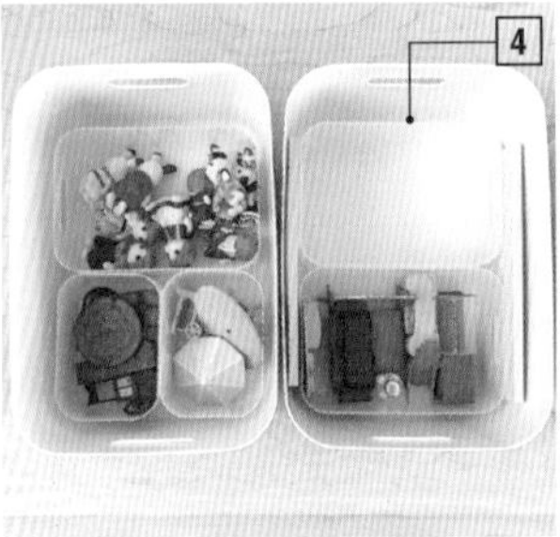

1

軟質聚乙烯收納盒／深
約寬25.5×深36×高32cm
價格：1090日圓

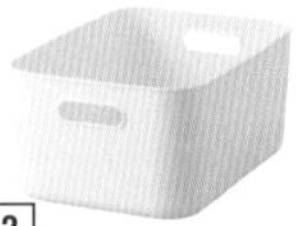

2

軟質聚乙烯收納盒／中
約寬25.5×深36×高16cm
價格：690日圓

3

軟質聚乙烯收納盒／半／小
約寬18×深25.5×高8cm
價格：490日圓

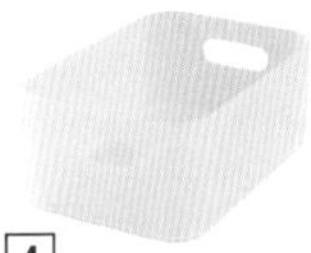

4

PP化妝盒½
約15×22×8.6cm
價格：290日圓

一個籃子就能建立起一套收納系統！

客廳旁邊擺了專門放印刷品的籃子，孩子也能一起整理東西。占位子的印刷品全部放入這個不鏽鋼收納籃，方便親子一起看。mujikko女士說：「一旦感覺不方便，或人生進入下一個階段時，我就會重新檢視收納處的位置。」隨著孩子的成長或夫妻工作狀況的變化，靈活調整收納系統，才是輕鬆保持房間整潔的秘訣。

→mujikko-RIE

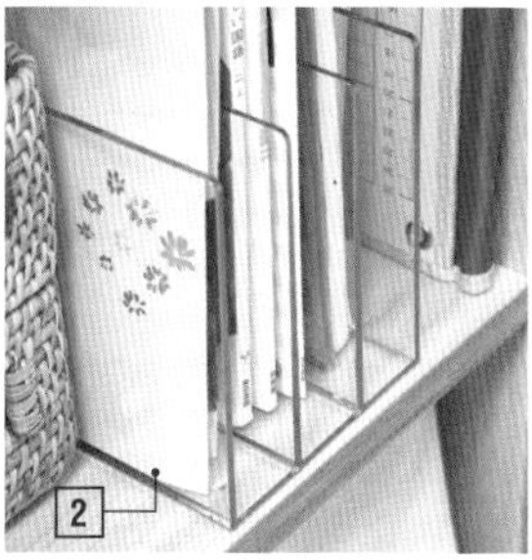

1

不鏽鋼收納籃4
約寬37×深26×高18cm
價格：1990日圓

2

壓克力間隔板／3間隔
約13.3×21×16cm
價格：1190日圓

自由組合層架完美契合。單獨使用也好用的抽屜櫃。

如果想將自由組合層架當書架使用，建議搭配抽屜式的組合收納櫃。組合收納櫃的抽屜分成二段、四段和四個等款式，每一款都能完美契合自由組合層架的內部尺寸。組合收納櫃可以搭配自由組合層架使用，單獨使用也相當方便，比方說可以獨立當作一種小型抽屜櫃，用途十分廣泛。

此外，抽屜內再使用ＰＰ抽屜整理盒劃分空間，那麼連文具和藥品等也能收納得井然有序。

→ta__kurashi

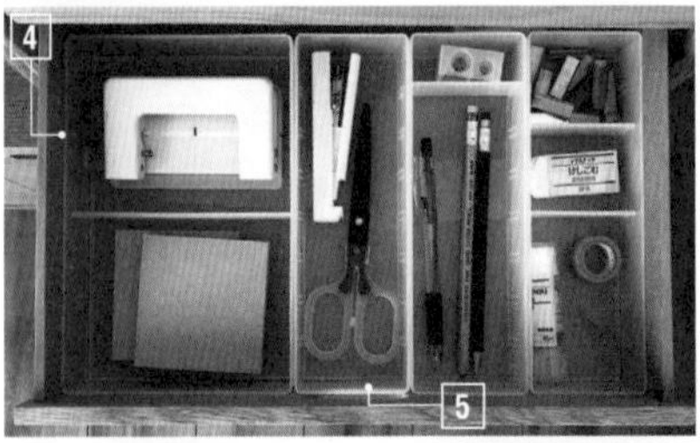

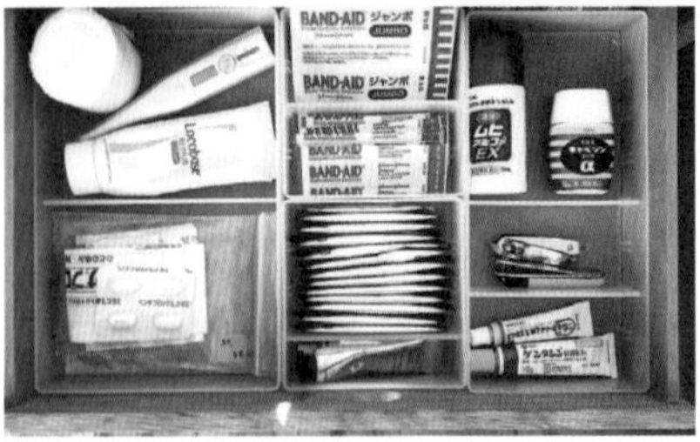

1

橡木組合收納櫃
抽屜／2段
寬37×深28×高37cm
價格：5990日圓

2

橡木組合收納櫃
抽屜／4個
寬37×深28×高37cm
價格：6990日圓

3

橡木組合收納櫃
抽屜／4段
寬37×深28×高37cm
價格：6990日圓

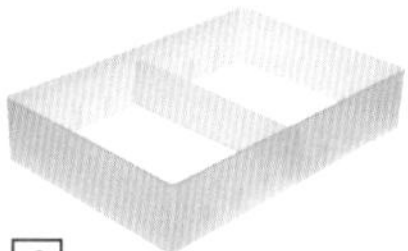

4

PP抽屜整理盒（4）
約13.4×20×4cm
價格：250日圓

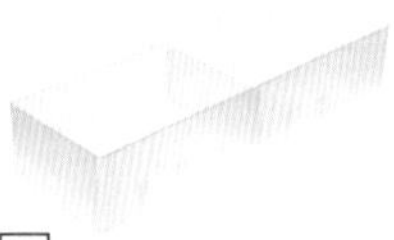

5

PP抽屜整理盒（3）
約6.7×20×4cm
價格：190日圓

容易雜亂的地方就用籃子整理。

椰纖編長方形籃的特色，就是放在什麼地方都能輕鬆融入周遭。我們家各處也放了椰纖編長方形籃，例如放在電視櫃收納遊戲機，放在廚房吊櫃收納便當盒和客人用的杯子。籃子是天然材料，所以非常輕，取放都很輕鬆。即使放在較高的櫃子，也能輕易取出。而且這種獨特的自然質感也是其魅力之一，能減少雜亂感，給人一種整齊劃一的印象。

→Akane

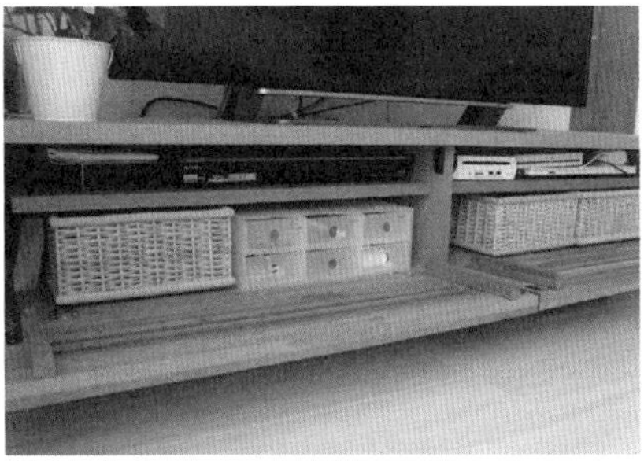

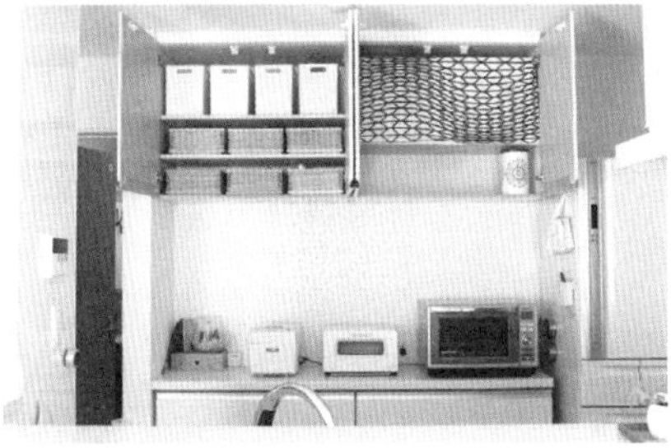

椰纖編長方形籃／小
寬約37×深26×高12cm
價格：1290日圓

每天使用的物品集中放在手提收納盒。

常常不知道該放哪裡的遙控器，集中用收納盒裝起來，常用的眼鏡也放在一塊。這款收納盒即使積了灰塵也可以直接沖水清洗。

→pyokopyokop

PP手提收納盒／寬／白灰
約寬15×深32×高8cm
（含把手高13cm）
價格：1090日圓

橫放直放都可以愛怎麼用就怎麼用！

「自由組合層架」可以根據用途往上或往側邊組裝，用起來很方便！而且既可以直放，也可以橫放，愛怎麼用就怎麼用就是它的魅力所在。

→ta__kurashi

組合層架／橡木／3×2
寬82×深28.5×高121cm
價格：2萬9900日圓

利用壓克力隔板和壁掛家具整理小東西。

文具之類的小東西，很容易亂放在工作桌上。想要快速整理這些小東西，我推薦使用無印良品的檔案盒。造型簡單又好整理，可以維持桌面整潔，做起事來更方便。

如果需要放置小東西，可以使用不會占用到桌面空間的壁掛家具和壓克力隔板，充分利用空間。除此之外，因為也不容易積灰塵，所以大量減少了清潔的麻煩。

→mayuru.home

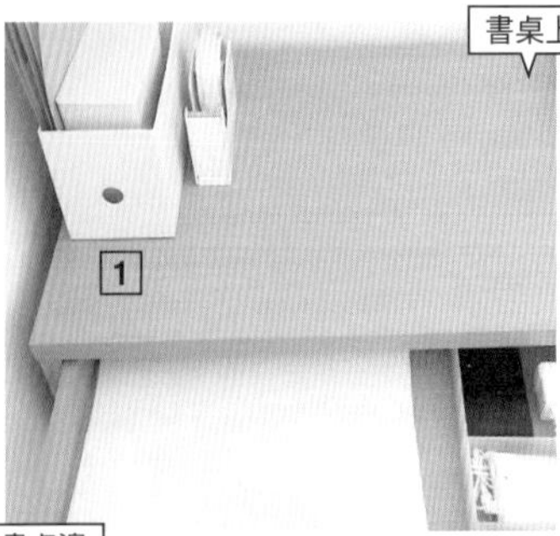

1

聚丙烯檔案盒／標準型
½／白灰
約寬10×深32×高12cm
價格：390日圓

2

壓克力隔板
約寬26×深17.5×高10cm
價格：890日圓

將各式各樣的小東西收納於外觀別緻的鍍錫箱！

我喜歡用外觀討喜的鍍錫箱收納文具、文件和相機配件等小東西。鍍錫箱造型簡練，很契合客廳的裝潢。

→安藤

鍍錫箱／大
高24cm型
約寬26×深37×高24cm
價格：1590日圓

縫紉用品收納在堅固簡約的鋼製工具箱，方便隨時取用。

我利用堅固的鋼製工具箱收納縫紉用品，並採取下圖的分類擺放方式。由於這款工具箱尺寸小巧，隨時都能輕鬆取出。我也用同樣的工具箱收納五金工具。

→nika

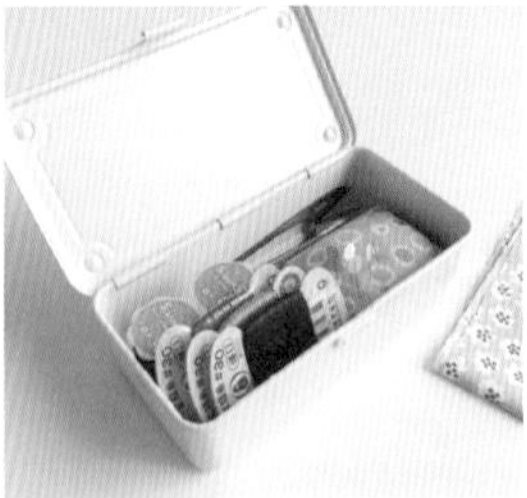

鋼製工具箱1
約寬20.5×深11×高5.5cm
價格：1190日圓

橫放直放都可以完美收納零散文具的小物收納盒。

六層的聚丙烯小物收納盒非常適合用來收納零散的文具。每一層抽屜可以單獨抽出，要用的時候還可以當作筆盒整個帶走，這樣文具就不用一個個拿來拿去，避免弄得亂七八糟。

我以前常常「找不到哪支筆又跑去哪了」，但自從固定文具的收納位置後，我就很少找不到東西了。而且這款收納盒的深度夠，不光是筆和橡皮擦，連釘書機和打洞機這樣稍大的東西也能輕易收納。

另一個令人滿意的地方是，只要調整棚板的位置，就能隨意更改直放或橫放的形式，可以很輕易地放入一些空間較矮的層架。

→emiyuto

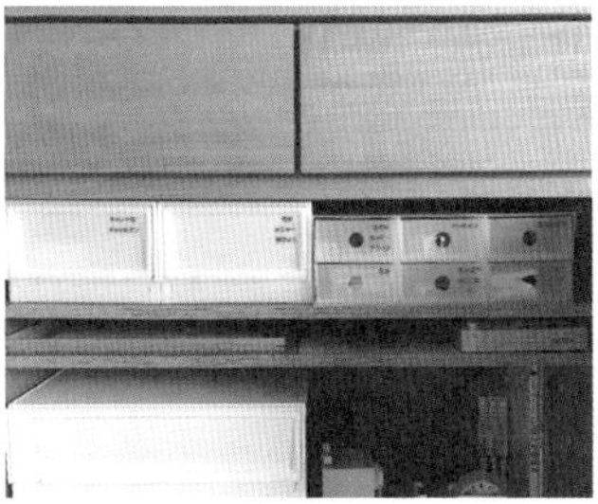

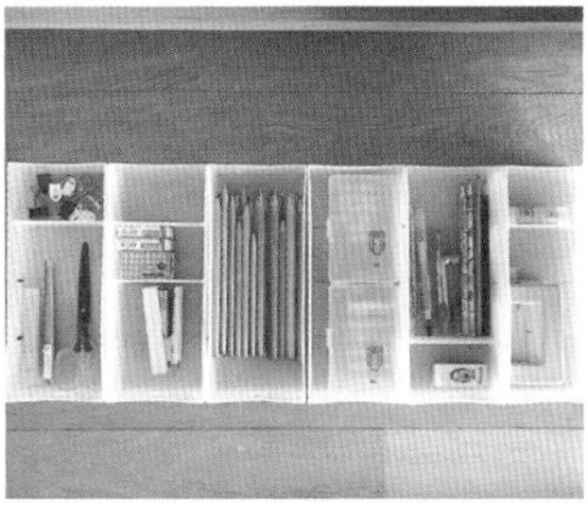

聚丙烯小物收納盒／6層
約寬11×深24.5×高32cm
價格：2990日圓

文件收納貼上標籤類型一目瞭然。

這裡是我家的資訊站，收納了所有文件和日常用品的備用品。我規劃的目標是讓丈夫在我不在家的時候，也能自行找到需要的東西，包含衛生紙、棉被等各種東西都收在這裡。

文件收納的部分我花了特別多心思。我會在檔案盒上貼標籤，讓人一眼就能看出裡面裝了什麼。從此再也沒有人會跑來問我「什麼東西放在哪裡」，我的壓力也減輕了不少。上面再掛個簾子擋起來，這樣即使突然有客人來，也不必擔心客人看到裡面的東西。

→Ayumi

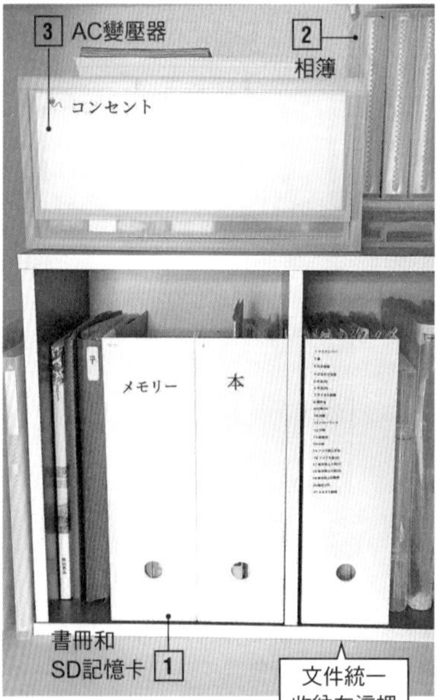

1

聚丙烯立式斜口檔案盒
A4／白灰
約寬10×深27.6×高31.8cm
價格：590日圓

2

聚丙烯高透明相本
3×5吋／2段
136張用／×3冊
價格：990日圓

3

PP資料盒／橫式／深型
寬37×深26×高17.5cm
價格：1490日圓

利用多種收納用品簡單收納最低限度的必要物品！

我盡量避免使用容易散亂的文具或文件夾，只留下最低限度的必要物品，並使用無印良品的商品收納。例如有蓋子的「鍍錫箱」非常適合用來收納文具和孩子的遊戲軟體等小東西。蓋子可以防塵，把手設計也很便於搬運。另外，高度十足的聚丙烯立式斜口檔案盒非常適合用來收納用不到的電線，背面朝外放置可以有效隱藏凌亂的電線。

→yk.apari

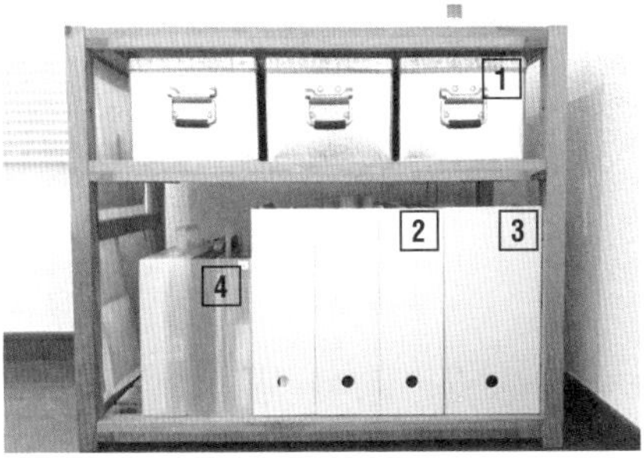

1 鍍錫箱／小　高16cm型
約寬19×深29×高16cm　價格：1090日圓

2 聚丙烯立式斜口檔案盒
A4／白灰
約寬10×深27.6×高31.8cm　價格：590日圓

3 聚丙烯立式斜口檔案盒
寬／A4／白灰
約寬15×深27.6×高31.8cm　價格：790日圓

4 聚丙烯附手把檔案盒／標準型
約寬10×深32×高28.5cm　價格：1090日圓

必要的工具集中收納在一起工作效率也會大幅提升。

在家工作其實有很多事情要處理。無印良品的「檔案盒用筆盒」可以將需要用到的工具收納在一起，大大地提高我的工作效率。

→shiroiro.home

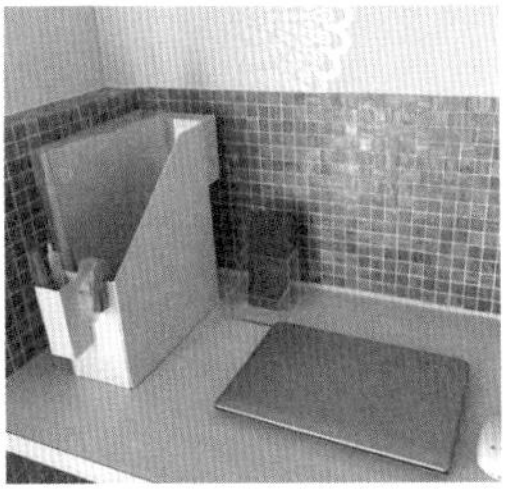

聚丙烯檔案盒用（筆盒）
約寬4×深4×高10cm
價格：150日圓

笨重又占空間的文件收進堅固的檔案盒。

像說明書這種文件通常很厚，但又不能扔，如何收納令人傷透腦筋。這時，我發現了無印良品的檔案盒，質地相當堅固，即使放入笨重的說明書也不會傾倒。

→A

聚丙烯檔案盒／標準型
寬／A4／白灰
約寬15×深32×高24cm
價格：790日圓

每次拉開抽屜都會掉下來的箱子用**伸縮桿**搞定。

我家的收納空間原本是鋼架，現在換成了蘋果箱，裡面放了一些籃子和無印良品的抽屜式PP盒。不過抽屜式的收納盒有個小麻煩，當抽屜完全拉開時，因為抽屜重量的關係，整個箱子會前傾掉到地上。

這件事已經困擾了我一年，現在終於解決了。我到百圓商店買了一根伸縮桿，固定在收納盒的底部，直接搞定！既然箱子不會翹起來，抽屜也就不會掉到地上，從此以後，我收東西的時候再也不用扶著箱子了。

→DAHLIA★

1

PP盒／深型（正反疊）
約寬26×深37×高17.5cm
價格：1490日圓

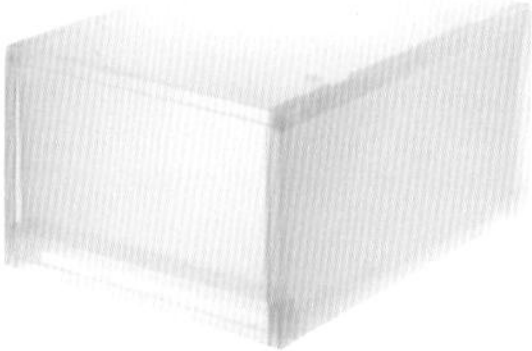

使用衣物收納掛袋厚重的針織衫也能輕鬆取出。

我會盡量維持衣櫃內部整齊，而有個東西相當好用，就是無印良品的聚酯纖維麻衣物收納掛袋，掛袋每層空間都很十足，而且相當扎實，連厚重的針織衫或牛仔褲也能輕鬆收納。

此外，針織衫和T恤等掛久了容易變形的衣物，使用這個收納掛袋就能摺起來收納，不必擔心變形。用不到掛袋時，還可以縮小體積收起來，這也是我喜歡這個收納掛袋的原因之一。

→Mina

聚酯纖維麻
衣物收納掛袋
約寬30cm×深35cm×高72cm
價格：2290日圓

衣櫥保留充裕的空間避免悶住濕氣。

我們家的衣櫥長這樣，會留一些空間。我盡量將衣物掛在左側，夏天通常會打開通風，避免悶住濕氣。除非有客人上門，否則我通常都會打開右邊的門。衣物塞得太滿也不好看，所以我提醒自己要努力維持這個狀態。這樣一來就多了一些空間，觀感上更清新。

底部的衣裝盒，左右兩邊用的造型不同，我打算以後統一款式。不過左右邊的衣裝盒能收納的容量不同，我有點擔心統一後會裝不下。衣架方面，我幾乎全部使用無印良品的衣架，如果只看款式統一的衣架部分還是挺整齊的。

→Ayumi

衣櫥頂端

衣櫥門全開

1

鋁製洗滌用衣架
3支組／約寬42cm
價格：390日圓

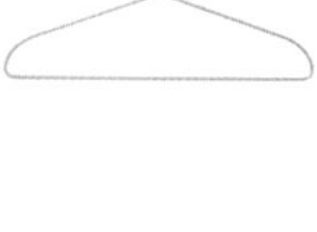

2

PP衣裝盒／大
約寬40×深65×高24cm
價格：2290日圓

全家人的衣服收進半透明盒易於分辨。

衣櫃是全家共用的空間。架子是丈夫自己搭的，使用無印良品的衣裝盒和衣物箱則是我的主意。所有衣物集中收納於一個房間，收拾起來也很方便。

我喜歡下方衣裝盒那種單純且半透明的設計，裡面收納了全家人的薄衣物。看到衣服摺得那麼整齊，我都忍不住想稱讚自己。比較難掛的毛衣和針織衫放在架上，衣架則拿來掛大衣等衣物。

最上面則用軟質的聚酯纖維麻收納箱，收納比較少穿的非當季衣物。

即使收納了一家四口的衣物，空間還是很充足，我打算繼續保持這種整潔高效的收納方式。

→Kamome

DIY衣櫥

1

PP衣裝盒／大
約寬40×深65×高24cm
價格：2290日圓

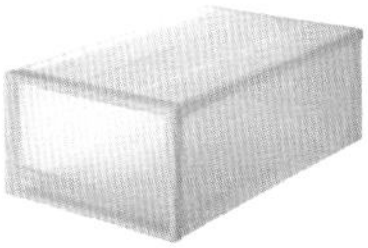

2

聚酯纖維麻收納箱／衣物箱／附蓋
約寬59×深39×高18cm
價格：1490日圓

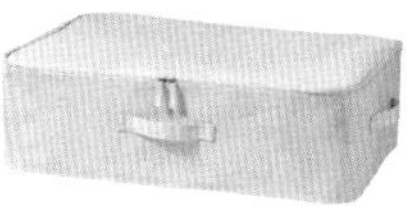

「換下來的衣物」放入位置固定的籃子避免看起來亂七八糟！

想讓家人學會收拾東西，重點是讓全家人都知道東西該放在哪裡。舉例來說，規定換下來的衣物要放入籃子，就不會出現衣物亂丟在床上或地上的情況。無印良品的藤編籃可以堆疊使用，造型簡樸，適合收納各種物品，用途相當廣泛。

至於容易隨便扔在地上的包包，推薦使用間隔板直立收納。隔板不僅能防止包包傾倒和變形，還能大大提升拿取的便利性。

↓小宮

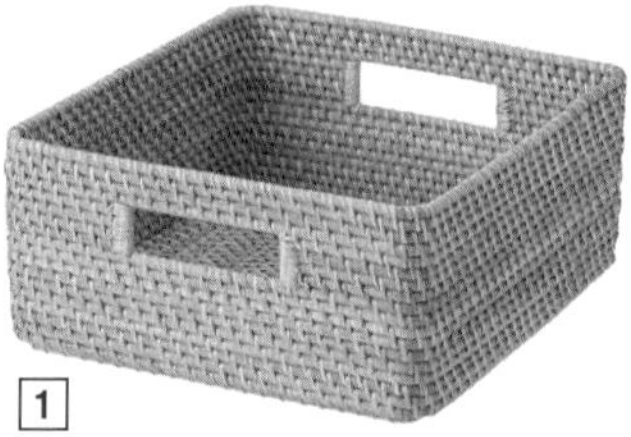

1

可堆疊藤編／方形籃／中
約寬35×深36×高16cm
價格：2990日圓

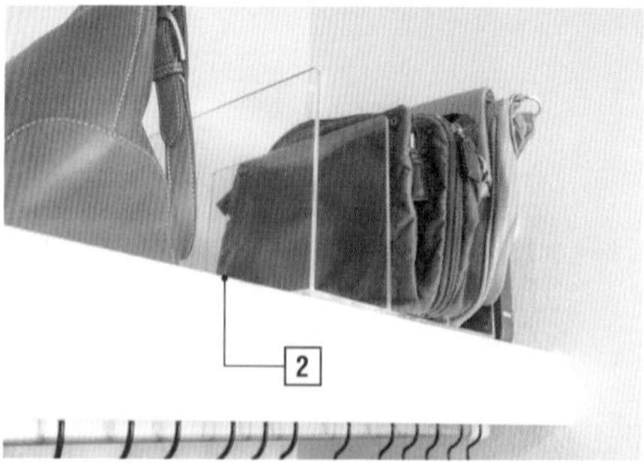

2

壓克力間隔板／3間隔
約26.8×21×16cm
價格：1490日圓

無印良品的收納用品可以隨心所欲組合運用創造清新有條理的空間。

這是我們家充滿生活氣息的收納空間，既是食品儲藏間，也是玄關收納處。前幾天，我將裡面的東西全部清出來擦過一遍，不過因為我用了不少無印良品的椰纖編方形籃、不鏽鋼收納籃、化妝盒、檔案盒，所以清理起來並沒有想像中的費力。

而且無印良品的收納用品可以根據要收納的物品自由組合運用，突然想要更換收納方式時也能迅速應變。更不用說這些用品樣樣設計簡約，顏色也很適合搭配白色的架子，十分美觀。尤其是椰纖編方形籃，不僅能藏起內容物，還能替收納空間增添一分柔和的印象。

→pyokopyokop

1

椰纖編方形籃／中
寬約35×深37×
高16cm
價格：1990日圓

2

不鏽鋼收納籃2
約寬37×深26×高8cm
價格：1490日圓

3

PP化妝盒½
約寬15×深22×
高8.6cm
價格：290日圓

4

PP化妝盒
約寬15×深22×
高16.9cm
價格：350日圓

5

聚丙烯檔案盒／標準型
寬／A4／白灰
約寬15×深32×高24cm
價格：790日圓

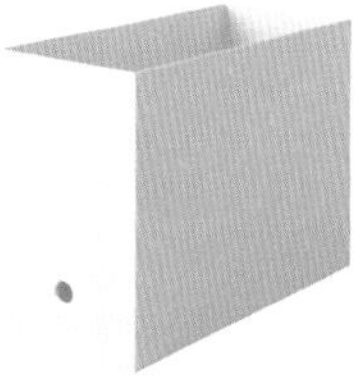

利用**死角空間吊掛收納印刷品**。

我會充分利用孩子衣櫃裡的死角空間，收納各種物品。

比方用鋼絲夾搭配伸縮桿，做出重要文件的收納區。重要資料的會放到透明文件夾中，而其他通知單類文件，則是直接用夾子夾起來。雖然這樣沒有辦法收納多少東西，但比起平放來得顯眼，較能減少遺忘的機率。

毛巾和小東西則放入化妝盒或手提收納盒。這一塊的收納確實比較不好處理一些。

→mayuru.home

1 不鏽鋼絲夾
掛鉤式4入
約寬2×深5.5×高9.5cm
價格：490日圓

2 PP手提收納盒／寬／白灰
約寬15×深32×高8cm
（含把手高13cm）
價格：1090日圓

占空間的**嬰兒包巾**用**檔案盒**精巧收納。

嬰兒服小而輕，可以裝個伸縮桿，用衣架掛起來。比較占空間的嬰兒包巾則捲起來收進無印良品的檔案盒，有效節省空間。

→gomarimomo

聚丙烯檔案盒／標準型／A4用／白灰
約寬10×深32×高24cm
價格：590日圓

配合孩子成長階段調整方法讓孩子學會自己**收納**日常用品。

我重新檢視了一下孩子上幼兒園需要的物品，並調整成更方便孩子準備的狀態。用不鏽鋼收納籃裝書包和帽子，剩餘的空間再放置其他物品。這樣其實還不算完善，但我會依照孩子的成長階段持續改進。

→kumi

不鏽鋼收納籃6
約寬51×深37×高18cm
價格：2990日圓

利用分隔袋劃分大型衣裝盒的空間衣物井然有序。

無印良品的衣裝盒系列幫了我很大的忙，不過裡面沒有隔板，如果直接使用，內容物不太好整理。這時候就輪到專門用來分隔抽屜櫃內部空間的道具登場了，那就是可調整高度的不織布分隔袋。有了這系列產品，就能劃分衣裝盒內的空間。

不織布分隔袋調整高度的方式很簡單，只需要展開後開口向外翻摺即可，這樣想調整幾次都沒問題，布料材質也不必擔心傷到衣物。更棒的是，這系列分隔袋有大、中、小三種尺寸，可以根據需要自由排列組合。就算只放一件衣物，而且是立著放也不會倒塌，收納效果可期。

→ayakoteramoto

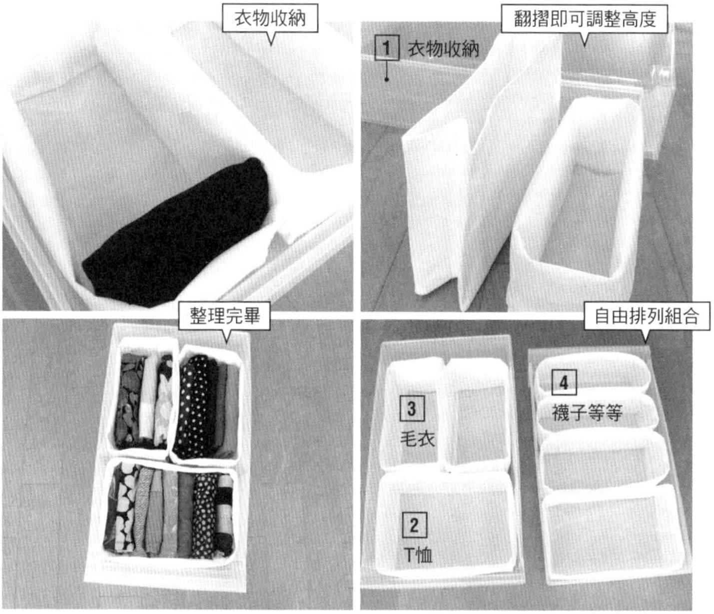

1 PP衣裝盒／小
約寬40×深65×
高18cm
價格：1990日圓

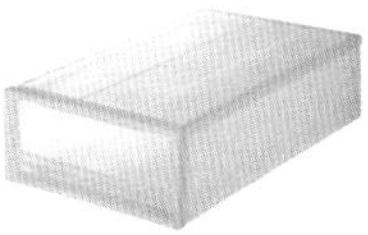

2 可調整高度的
不織布分隔袋／
大／2入
約寬22.5×深32.5×
高21cm
價格：990日圓

3 可調整高度的
不織布分隔袋／
中／2入
約寬15×深32.5×
高21cm
價格：790日圓

4 可調整高度的
不織布分隔袋／
小／2入
約寬11×深32.5×
高21cm
價格：690日圓

幼童用品的收納量身打造過後更便利。

幼童的襯衫和貼身衣物等小件衣物，即使收在容量大且深度足夠的抽屜櫃，只要利用不織布分隔袋分類收納，也能整理得一清二楚，方便拿取。有了分隔袋，什麼衣物放在哪裡一目瞭然。早上趕著換衣服的時候，也能迅速取出要穿的衣物，改善早上出門前的準備效率。此外，無印良品的分隔袋還有一個很棒的地方，就是可以用翻摺的方式調整高度。除了用來分隔收納空間，也能當作天然材質收納用品的內襯。

↓藤田

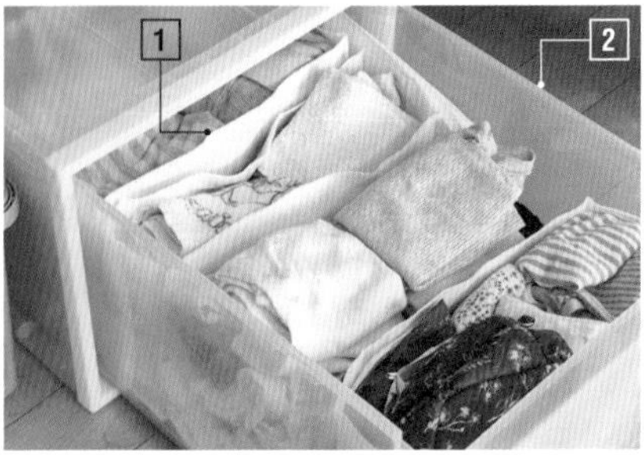

1

可調整高度的
不織布分隔袋／
中／2入
約寬15×深32.5×高21cm
價格：790日圓

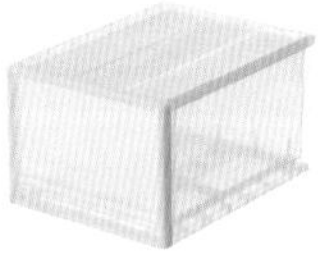

2

PP收納盒／大
約寬34×深44.5×
高24cm
價格：1690日圓

非當季的帽子用圓形收納盒可愛地保管好。

夏天才會戴的草帽，用柔軟的聚乙烯收納盒保管。這款收納盒最大的亮點就是那圓圓的形狀，外觀非常可愛，而且剛剛好能收納我一直以來不知道要放哪裡的草帽！

↓Kamome

軟質聚乙烯收納盒／圓型／中
約直徑36×高16cm　價格：690日圓
軟質聚乙烯收納盒用蓋／圓型
約直徑36.5×高1.5cm　價格：290日圓

使用家電原本好麻煩這麼做之後變得超輕鬆！

我家是用無印良品的PP附輪收納箱收納日用品和清潔用具，後面還藏著家電。因為這款收納箱有滾輪，可以輕鬆移動，拿取家電時輕鬆多了。

↓Kamome

PP附輪收納箱1
約寬18×深40×高83cm
價格：3790日圓

配合生活動線規劃物品收納的固定位置。

早上出門前的準備時間相當緊迫，為避免手忙腳亂，配合生活動線規劃物品收納的固定位置變得非常重要。我設置了一個「完美的整裝角落」，從衣物到配件等所有物品都放在同一個房間。每天用的包包掛在外套附近的掛鉤上，這樣穿好外套後就能順勢拿取包包。喜歡的戒指和耳環等配件則一一擺在抽屜盒裡，所有配件看得相當清楚，挑選時也不會猶豫不決，也能夠縮短早上的準備時間。

↓渡邊

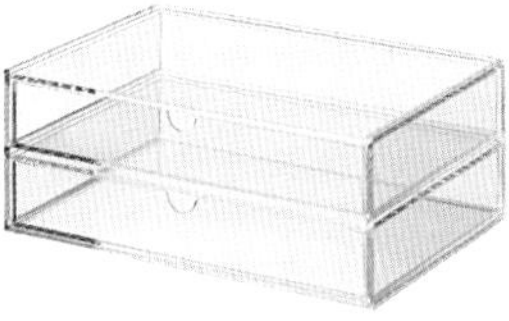

1
可堆疊壓克力抽屜盒／2層／大
約寬25.5×深17×高9.5cm
價格：2490日圓

2
掛鉤／防橫搖型／大／2入
約直徑1.5×2.5cm
價格：490日圓

使用檔案盒收納看起來乾淨整齊取用也輕輕鬆鬆。

洗手台底下的收納空間，建議使用盒子統整物品，看起來會比較整齊。長條形的電棒夾放入直立式的檔案盒，拖把用的除塵紙放在下層的化妝盒，上層則收納魔術海綿，充分利用櫃子的高度。善用各種盒子收納，可以充分利用洗手台下方有限的空間，拿取物品時也很順手，特別適合洗手台這種東西常常會拿來拿去的地方。

此外，比起將東西直接放進櫥櫃，裝入檔案盒收納，視覺上也比較清新。由於這些盒子是聚丙烯材質，即使在濕氣較重的洗手台下方也能放心使用，這點也非常令人滿意。

↓K

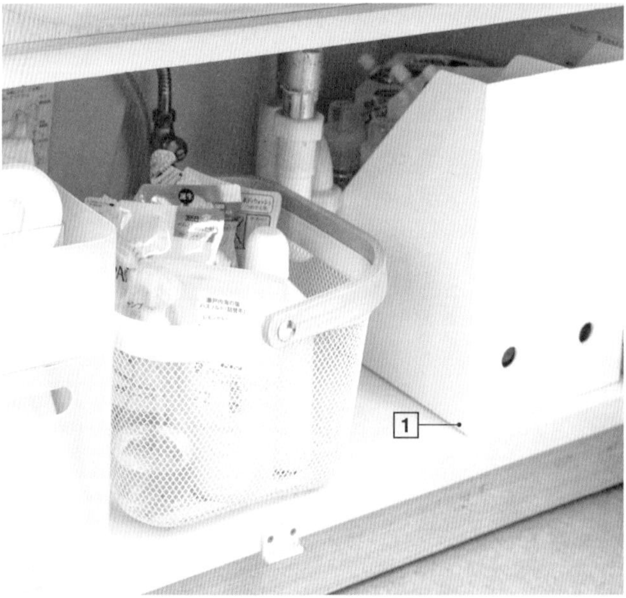

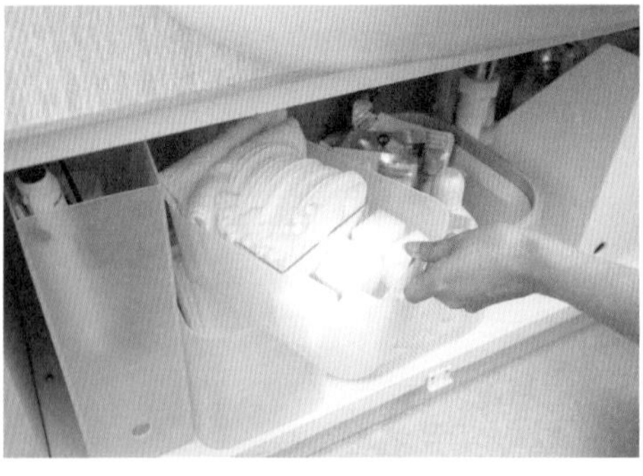

1

聚丙烯立式斜口檔案盒
A4／白灰
約寬10×深27.6×
高31.8cm
價格：590日圓

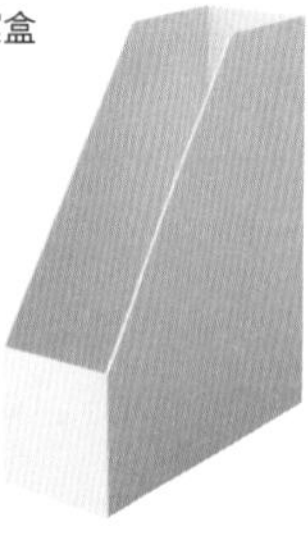

洗手台下方的收納就用方便的檔案盒搞定！

我們家二樓也有廁所，我想在廁所旁的洗手台底下放一些廁所相關用品。雖然那裡空間頗寬，卻因為卡著管線，收納效率低落。於是我決定使用無印良品的檔案盒整理看看。

寬尺寸的檔案盒，剛好適合用來放廁所紙巾；標準尺寸的檔案盒，則用來放拋棄式手套和垃圾袋等清潔用具的備用品。這麼一來，櫃子用起來方便多了，打掃起來也輕鬆不少。除此之外，用檔案盒區分清潔用具和紙巾的保管位置，感覺也比較衛生。

→pyokopyokop

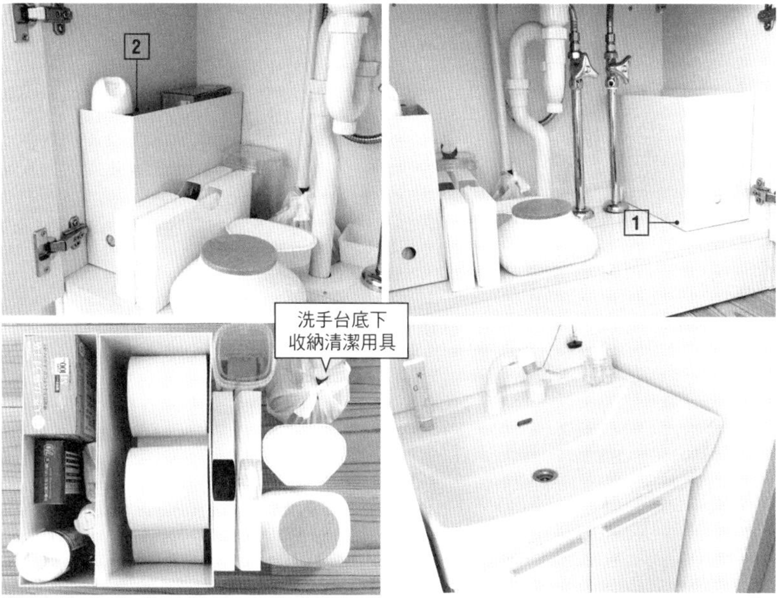

1

聚丙烯檔案盒／
標準型
寬／A4／白灰
約寬15×深32×
高24cm
價格：790日圓

2

聚丙烯檔案盒／
標準型
A4用／白灰
約寬10×深32×
高24cm
價格：590日圓

人人都學得會的抽屜收納法 用盒子固定物品存放位置。

若隨意將吹風機或熨斗放在洗手台上，很容易亂成一團，所以我會收進抽屜。我用了高度較低的大整理盒區隔空間，大小恰恰好，東西用完後可以立刻收回抽屜。

小尺寸的化妝盒則用來收納轉接頭、護甲工具和充電器。

這些盒子最令人滿意的，莫過於可以按照大小分類收納不同的物品。

連我這麼怕麻煩的人都能將東西收納得這麼整齊了，我相信這套收納方法一定任何人都能輕鬆做到。

→mayuru.home

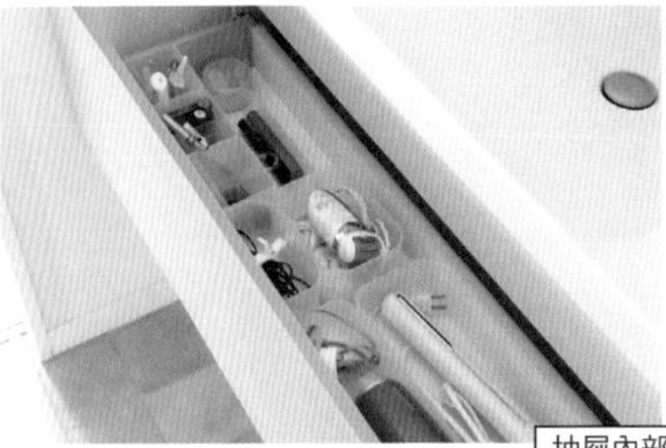

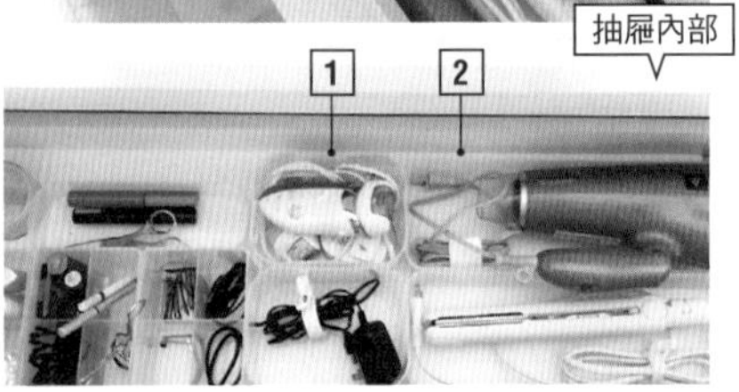

1
PP化妝盒／½橫型
約寬15×深11×高8.6cm
價格：250日圓

2
PP整理盒4
約寬11.5×深34×高5cm
價格：220日圓

常保乾淨，又能幫助女兒「自己來」的刷牙用具收納術。

為了讓女兒學習自己刷牙，刷牙用具都放在最底下。牙刷放在百圓商店買的牙刷架，牙膏則用無印良品的鋼絲夾掛起來，美觀又方便清潔。

→Ayumi

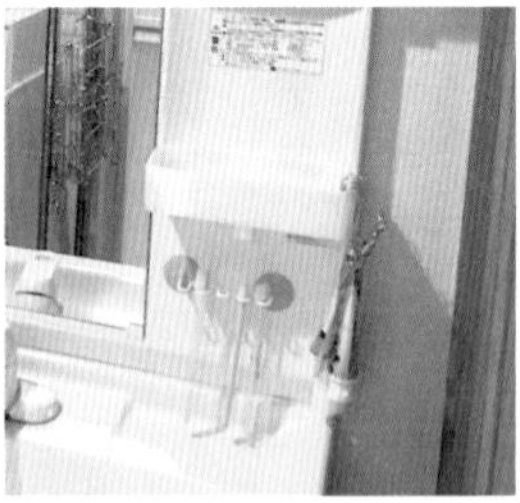

不鏽鋼絲夾／掛鉤式／4入
約寬2×深5.5×高9.5cm
價格：490日圓

備用品統一放在腰部以下的位置。

洗手台的架子，按照使用頻率規劃物品的收納方式。使用頻率低但庫存沒了很不方便的物品，放在腰部以下的位置。這樣只要拉開抽屜就能確認東西還剩多少，非常方便。

→littlekokomuji

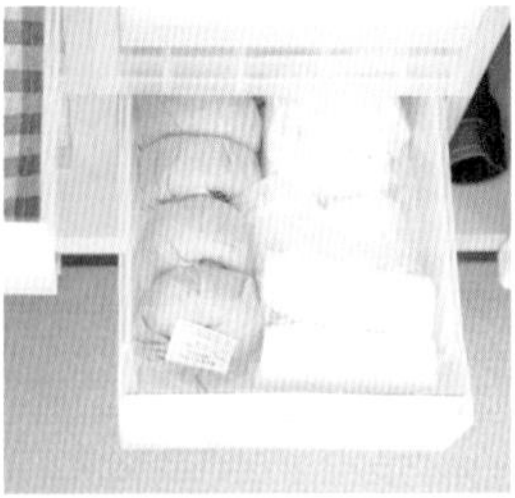

PP追加用收納盒／高11cm
約寬18×深40×高11cm
價格：990日圓

洗手台下方收納空間利用抽屜盒收納更便利。

洗手台下方空間剛好可以利用聚丙烯收納盒收納東西。三層抽屜主要用來放置電池、日用品和工具。這款收納盒最棒的，就是那能最大限度利用收納空間的尺寸。較矮的收納盒放我的隱形眼鏡，較高的則放清潔劑和洗髮精的備用品。

收納盒內部本來就有隔板，可以馬上決定小東西的固定存放位置，這一點也很棒。大量採購回來的日用品，也能立刻收納，整理起來更輕鬆。採用這種收納方式，可以讓全家人都知道什麼東西放在哪裡。

→Ayumi

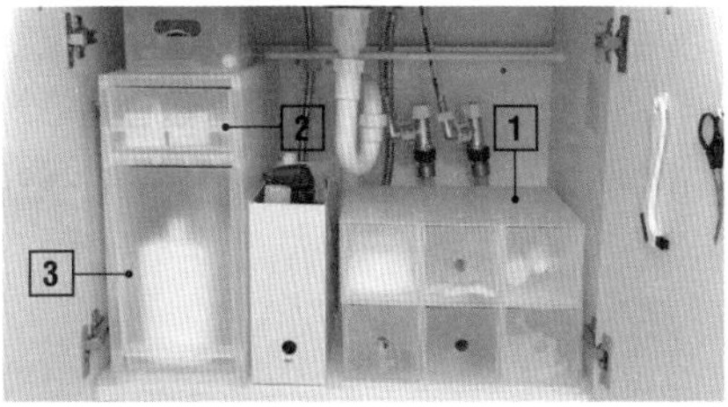

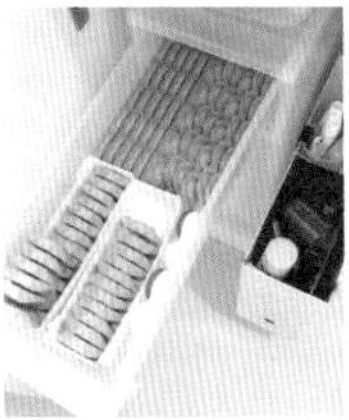

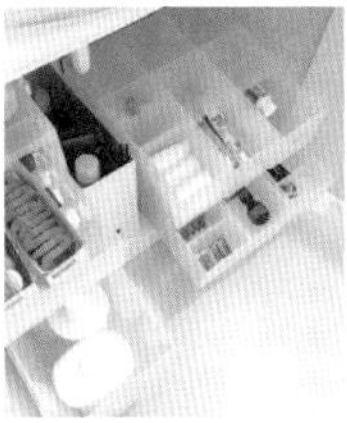

1 聚丙烯小物收納盒／3層
約寬11×深24.5×高32cm
價格：2290日圓

2 PP追加用收納盒
約寬18×深40×高11cm
價格：990日圓

3 PP追加用收納盒
約寬18×深40×高30.5cm
價格：1490日圓

使用附輪收納箱孩子也能一目瞭然。

我一直想好好利用洗手台旁的畸零空間，後來發現無印良品的附輪收納箱非常好用。

第一層放女兒整理服裝儀容用的髮圈和梳子，第二層和第三層分別放兒子和女兒的襪子和手帕。第四層則將吹風機等稍大的家電收納得整整齊齊。

自從使用這個附輪收納箱，孩子也不會找不到東西了。他們還會自己準備要用的物品，省了我不少麻煩！

→emiyuto

PP附輪收納箱2
約寬18×深40×高83cm
價格：3990日圓

空間有限的盥洗室也能收納得整齊無比。

我們家的盥洗室下方收納了孩子的理髮工具、牙刷組、毛巾等物品。容易亂丟的小東西，也用無印良品的PP抽屜整理盒整理得整齊無比！我也和朋友聊過，這些PP盒非常適合放在洗手台下方，而且尺寸又相當豐富，可以靈活組合運用；再加上前後深度十足，可以貼近管線的部分。我也很喜歡思考哪款收納盒最適合放在這個空間。我喜歡無印良品的原因之一，就是可以找到令人滿意的收納盒。

→emiyuto

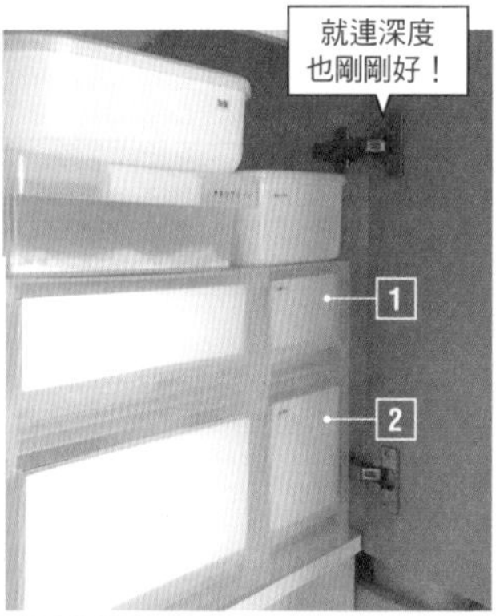

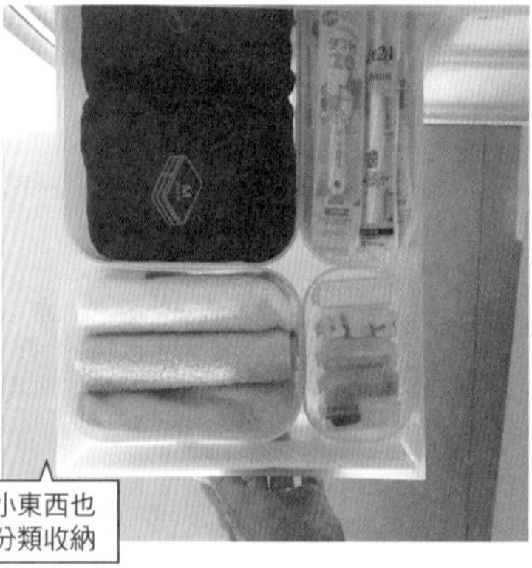

1

PP盒／淺型／窄
附隔板（正反疊）
約寬14×深37×高12cm
價格：1090日圓

2

PP盒／深型／窄
附隔板（正反疊）
約寬14×深37×高17.5cm
價格：1190日圓

隨時都能輕易取出 拿取物品更不費工夫！

盥洗室的收納空間，我用無印良品的PP收納盒，主要收納日用品。收納盒是半透明的，能隱約看見內部物品，這對我來說非常加分。

擺在下層的收納盒有一定的高度，最適合放洗髮精之類比較高的東西！而上層較矮的收納盒則用來放我的隱形眼鏡。我會將左右眼的隱形眼鏡一組一組排好，需要時可以迅速取用。這些收納方法都是無印良品的收納盒替我實現的，我已經離不開這些收納用品了！

→Ayumi

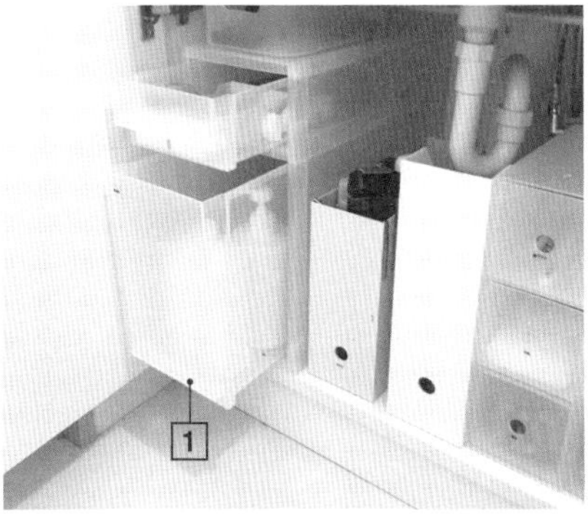

1 PP追加用收納盒
約寬18×深40×高30.5cm
價格：1490日圓

2 PP追加用收納盒
約寬18×深40×高11cm
價格：990日圓

洗髮精和護髮乳裝一起 整袋提進浴室。

我們家經常一起去泡溫泉，這時候小型的EVA SPA收納包相當方便。雖然現在大多溫泉會館都有提供洗髮精和護髮乳，但我很喜歡泡傳統的溫泉，所以已經習慣自己準備浴室用品。

這款袋子的表面是網格狀，弄濕了也能輕鬆擦乾，直接帶進浴室也完全沒問題。洗髮精等瓶瓶罐罐全部裝進袋子一起拿，就不會弄得東一瓶西一罐，也減少了在大澡堂遺失物品的情況。

雖然袋子本身不大，但厚度十足，容量超乎外表所見。而且不容易變形，可以輕鬆放進包包，輕鬆拿取。我就是喜歡這種輕便好用的感覺。

↓小小的房子

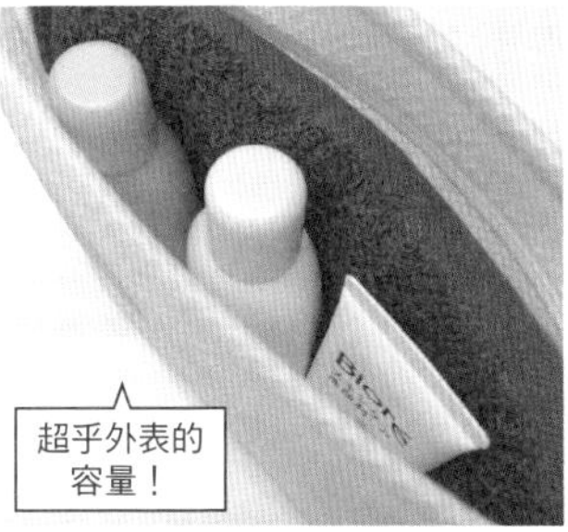

EVA SPA收納包／小
約13.5×20×5.5cm
價格：1190日圓

統一使用白色收納用品盥洗室更清新。

收納空間有限且容易雜亂的盥洗室，只要堆疊收納箱，也能在狹小空間營造出清爽宜人的環境。PP附輪收納箱的精巧造型，特別適合用於盥洗室的邊角空間收納。半透明材質也很容易辨識內容，有助於分門別類。

此外，無印良品的抽屜式PP收納盒也是整理毛巾的好幫手。將收納盒橫放在洗衣機上，不僅方便收納摺好的毛巾，拿取時也很輕鬆，完全不會造成壓力。而且就算擺放的方向前後對調，也能堆疊使用，相當實用。

→sachi

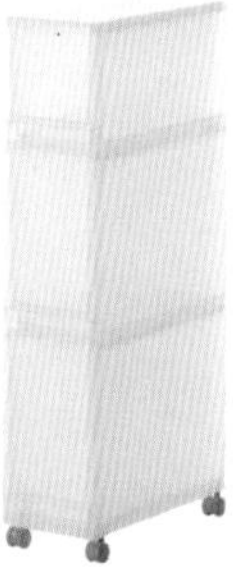

PP附輪收納箱1
約寬18×深40×高83cm
價格：3790日圓
※照片中搭配了
「PP追加用收納盒」

全家共用空間的東西固定好收納位置，方便整理。

我使用了各種PP衣裝盒整理盥洗室。這些衣裝盒能輕易認出裡面裝的東西，容量也很充足，可以有效利用狹小空間。不過衣裝盒是半透明設計，用來收納睡衣或貼身衣物時，建議到百圓商店買個標籤卡片遮擋一下。只要固定好每樣東西的收納位置，剩下的就交給每位家人自行管理了。

→U

PP衣裝盒／橫式／小
約寬55×深44.5×高18cm
價格：1990日圓
※搭配同系列商品使用

想要保持浴巾整潔不鏽鋼收納籃是最美的選擇。

東西放在洗手台容易弄濕或弄髒，所以我盡量不擺東西。不過我非常喜歡用不鏽鋼收納籃，能將浴巾收納得漂漂亮亮的，而且這樣也容易清潔，比較衛生。

→H

不鏽鋼收納籃3
約寬37×深26×高12cm
價格：1790日圓

不鏽鋼收納籃也能輕鬆收納大件物品！

不鏽鋼收納籃在盥洗室也很實用。它能輕鬆收納衛生紙和廁所紙巾等體積較大的物品，而且不會給人占空間的感覺。

→nika

不鏽鋼收納籃4
約寬37×深26×高18cm
價格：1990日圓

使用藤編收納籃潔淨感就像飯店的洗手台。

想要打造出乾淨程度堪比飯店的洗手台，推薦使用無印良品的藤編籃。這款商品是手工編織，質感溫馨，還可以堆疊使用。我家是拿來存放備用品、毛巾和充當臨時置物處，這樣就能隨時保持盥洗室的整潔與便利性。

↓大木

1

可堆疊藤編／長方形籃／中
約寬36×深26×高16cm
價格：2290日圓

2

聚丙烯立式斜口檔案盒
A4／白灰
約寬10×深27.6×高31.8cm
價格：590日圓

雜七雜八的浴室用品也能輕鬆收納乾淨！

衛浴用品的收納對我來說一直是個難題。浴室裡的東西其實比想像中的多，比如洗髮精和一堆清潔用品，所以我準備了一個磁吸式的掛桿，掛上穩固的S掛鉤。這樣一來，物品不僅能整齊收納，也不會占用過多空間。我家的浴室牆面沒辦法用吸盤式的東西，所以磁吸式產品相當好用！我不會掛太重的物品，通常是掛起泡用的浴球和海綿。這種配置不僅全家人使用上方便，清潔起來也非常輕鬆。每次進浴室看到如此整齊的配置，我就覺得很開心。

↓Y

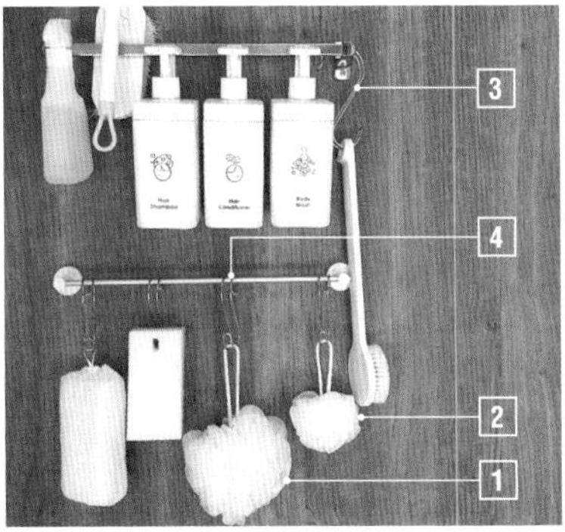

1
泡立網浴球／大
約50g
價格：150日圓

2
泡立網浴球／小
約15g
價格：99日圓

3
S掛鉤／防橫搖型／大／2入
約7cm×1.5×14cm
價格：790日圓

4
S掛鉤／防橫搖型／小／2入
約5cm×1×9.5cm
價格：490日圓

濺濕了也沒關係！利用不鏽鋼絲夾的懸吊式收納。

我們家會用無印良品的不銹鋼絲夾掛東西。不銹鋼材質的優點就是不會生鏽，可以用於任何場所。只需要將東西掛起來，就能避免地上的灰塵和污垢堆積，清潔起來格外輕鬆。

像玄關裝了一根伸縮桿，搭配不鏽鋼絲夾掛長靴；浴室門上則用來掛洗臉慕斯和起泡浴球。相較於S掛鉤，鋼絲夾的尖角設計更容易懸吊臉盆。

此外，鋼絲夾還能用來夾文件、晾毛筆。重點是一組四入只要四九〇日圓，真的是便宜又好用。

↓阪本Yuuko

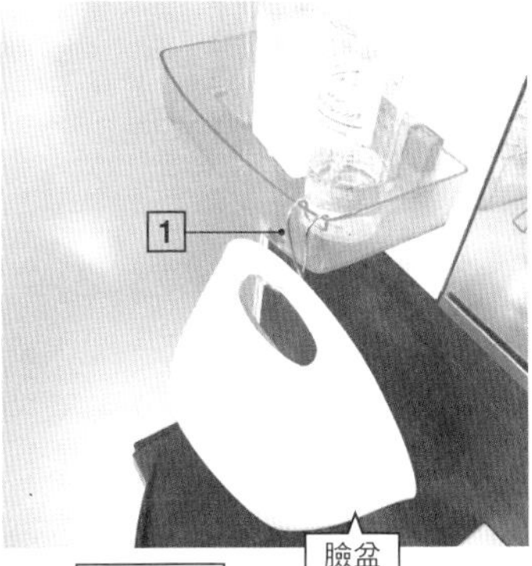

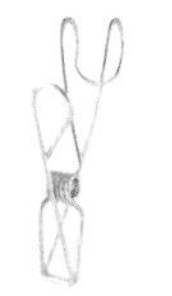

1
不鏽鋼絲夾／掛鉤式／4入
約寬2×深5.5×高9.5cm
價格：490日圓

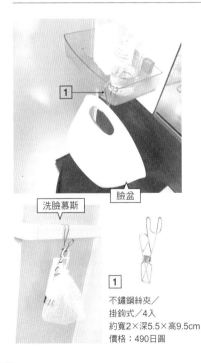

突然有訪客上門也不怕尷尬的收納盒遮擋法。

儲藏室的用品統一為白色調。上面數下來第二和第三層用的是無印良品的化妝盒，這款產品是半透明的，好處是能看見裡面裝什麼，但有時候也不希望被訪客看光光……。於是我想到了一個辦法：在化妝盒的前面貼上白紙擋起來。

首先準備與箱子正面尺寸相符的白色信封和透明膠帶（步驟1）。取兩個信封重疊，封口朝外（步驟2）。接著用膠帶將信封黏在箱子的正面（步驟3）。之所以使用信封，是因為封口部分可以完美遮住箱子的角落。

→mayuru.home

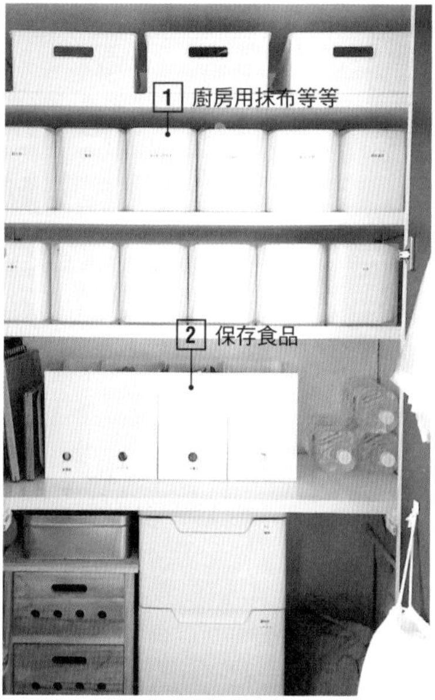

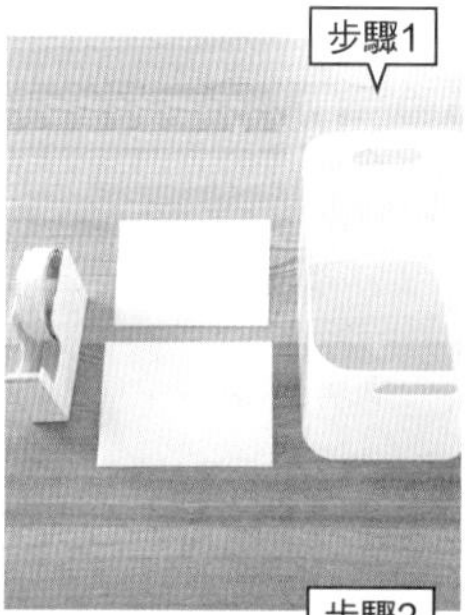

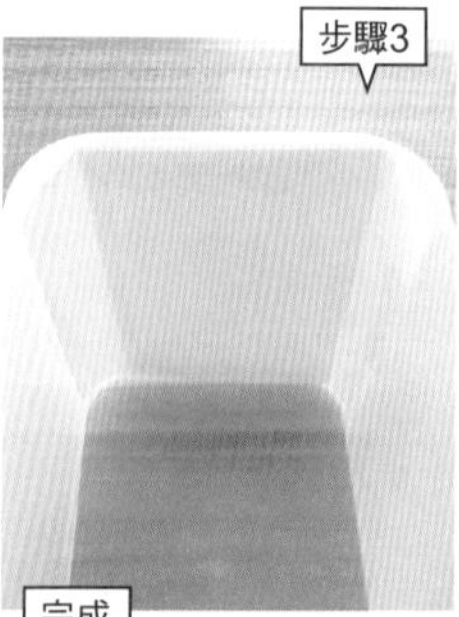

1

PP化妝盒
約寬15×深22×高16.9cm
價格：350日圓

2

聚丙烯檔案盒／標準型寬／A4／白灰
約寬15×深32×高24cm
價格：790日圓

將防災物資集中保管於耐壓收納箱。

走廊的收納空間，也用來存放防災物資以備不時之需。我會將水和糧食集中放入耐壓的收納箱，並放置簡易如廁袋。這款收納箱名符其實，相當耐壓，還可以充當座椅，令人安心。萬一碰上災害，這些物資必定能派上用場（當然，我希望永遠都不會用到）。

此外，我還用了較軟的收納箱儲存衛生紙的備用品和非當季的物品，這些東西幾乎擠滿了這個空間，我正打算進一步改善收納方式。

→pyokopyokop

東西都塞到前面了

後面的東西

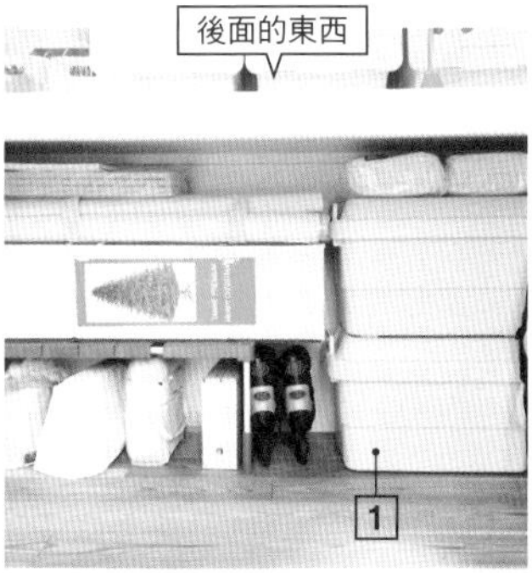

1 耐壓收納箱／大
約寬60×深39×
高37cm
價格：2490日圓

2 聚酯纖維麻收納箱／L
約寬35×深35×
高32cm
價格：990日圓
※照片為舊款商品

即使是體積較大的烤肉用品只要一個耐壓收納箱就能輕鬆裝起來！

戶外活動的用品通常又大又重。我們家會收進耐壓收納箱，放在大門旁的空間。這一箱裝了夏天烤肉時的必要裝備，特大尺寸的耐壓收納箱可以輕鬆裝下體積較大的烤肉架和木炭，紙盤和紙杯這些小東西也能全部放在一起。這麼只要帶上整個收納箱就可以出門了，非常方便。它的蓋子也相當堅固，因此在戶外還可以代替椅子，非常推薦！

→A

耐壓收納箱／特大
約寬78×深39×高37cm
價格：3490日圓

每天用的包包掛在椅子旁邊隨手拿取好方便。

為了隨時拿取每天都會用到的包包，我在椅子旁邊裝了一個壁掛家具的掛鉤。回家後把包包掛上掛鉤就完成收納了。

有了這個掛鉤，就能充分利用牆壁等死角，再也不用擔心找不到收納的地方。我喜歡壁掛家具的一點，就是能夠依個人喜好自由調整安裝高度。一個專用的掛鉤，就能輕鬆增加收納空間。

→sachi

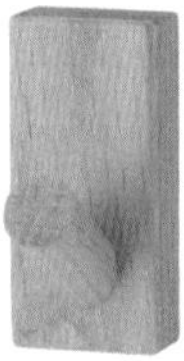

壁掛家具／掛鉤／橡木
寬4×深6×高8cm
價格：990日圓

全家人共用的文具用整理托盤收納得井然有序。

我們家有很多全家人共用的文具，以前總是亂放一通在抽屜裡，很難找到需要的東西。為了解決這項煩惱，我買了無印良品的ＰＰ抽屜整理盒。運用抽屜式ＰＰ盒重新規劃收納方式，看起來整齊多了！這樣一眼就能看出每樣東西放在哪裡，全家人也都可以輕鬆掌握庫存，避免重複買到一樣的東西。

→Yukiko

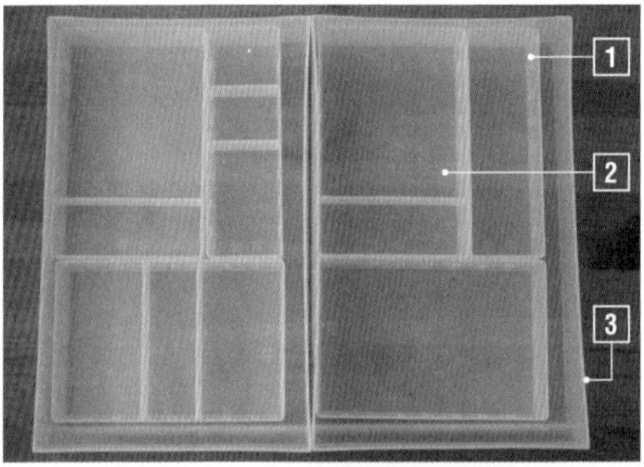

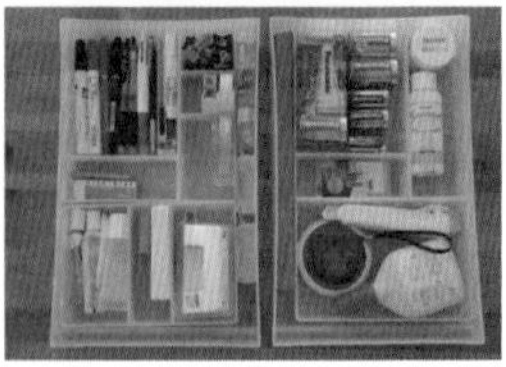

1
PP抽屜整理盒（3）
約6.7×20×4cm
價格：190日圓

2
PP抽屜整理盒（4）
約13.4×20×4cm
價格：250日圓

3
PP盒／薄型
2段（正反疊）
約寬26×深37×高16.5cm
價格：1690日圓

無印良品的溫濕度計 多種角度都看得好清楚！

我在臥室裡放了一個無印良品的數位溫濕度計。它的液晶螢幕很大，從各種角度都能輕鬆確認濕度和溫度。

外型設計也很簡約，尺寸又小巧，放在什麼地方都可以，這一點也深得我心。我將它放在無印良品的壁掛家具棚板上，想到時就能輕易確認溫度和濕度。這是我居家生活的必備物品。

→Mina

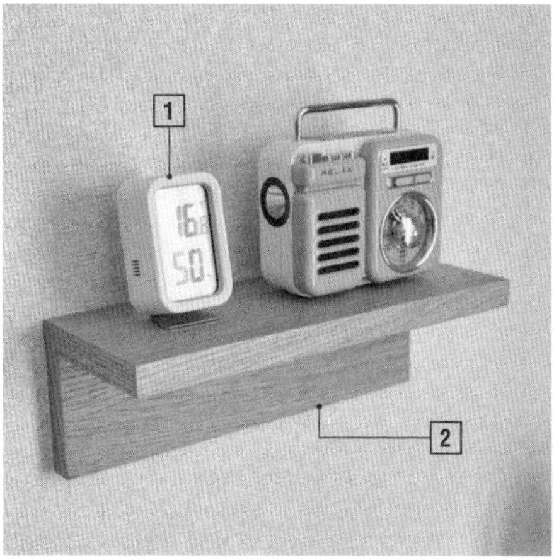

1
數位溫濕度計／白色
型號：MJ-DTHW1
價格：2990日圓

2
壁掛家具／L型棚板／30cm
價格：2290日圓

好開好闔 拿取又超方便！

我曾為了紙巾盒的設計與室內裝潢不符而苦惱，後來遇到了無印良品的聚丙烯濕紙巾盒，不只開闔輕鬆，開口也做得很大，深得我心。

→littlekokomuji

聚丙烯濕紙巾盒
約寬19×深12×高7cm
價格：690日圓

化妝品、調味料……什麼都能裝 用途超廣泛的眼鏡小物收納盒

無印良品的眼鏡小物收納盒造型簡約，價格實惠！直立式設計不會占用太多空間，可以將東西收納得整齊乾淨。可以放眼鏡，也可以放化妝品，用途廣泛得令人吃驚。

→yk.apari

PP眼鏡小物收納盒／立式／大
約長4.4×寬7×高16cm
價格：250日圓

小東西放哪裡也一清二楚的機能整理盒。

無印良品的PP整理盒4尺寸恰到好處，是我們家整理鞋櫃的好幫手。

鞋櫃裡放的東西其實比想像中的還要多，比如鞋子的保養用品、折疊傘、防水噴霧和鞋帶。以前我都是用一個大木箱裝這些東西，但整理起來非常麻煩，後來放入細長的整理盒，箱子內部便自然區分成「前」、「後」兩個部分，東西的擺放位置清楚許多，整理起來也變得更省時。最重要的是，需要什麼都能馬上拿取。

→ayakoteramoto

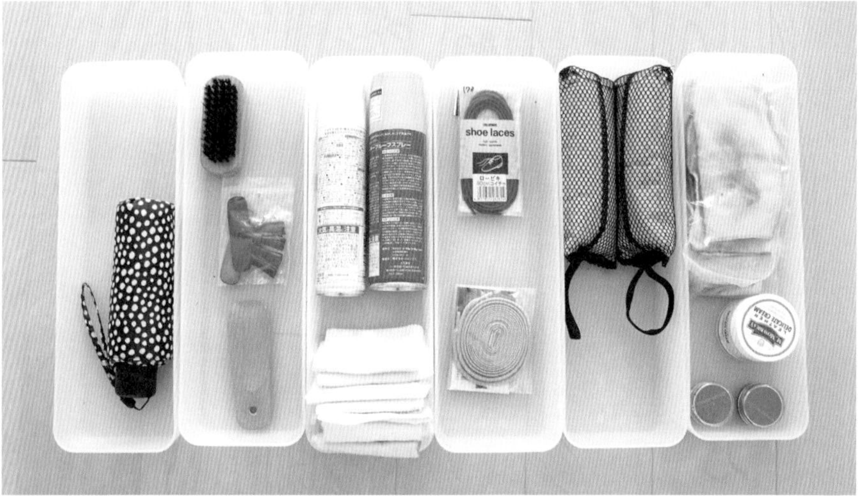

PP整理盒4
約寬11.5×深34×高5cm
價格：220日圓

四種尺寸的透明收納袋小物輕鬆帶著走。

外出或旅遊時，要攜帶小東西總是很麻煩。全部裝進一個小袋子裡會很難找，但又不能直接扔進包包。

我喜歡用無印良品的透明夾鏈袋，全系列有四種尺寸，其中只有大的尺寸底部加寬，因此收納能力特別好，我會用來放文具和化妝用品。小尺寸用來放飾品，迷你尺寸則充當運動時的零錢包。感覺還可以開發出更多種使用方法，真教人期待。

→DAHLIA★

方便隨身攜帶文具

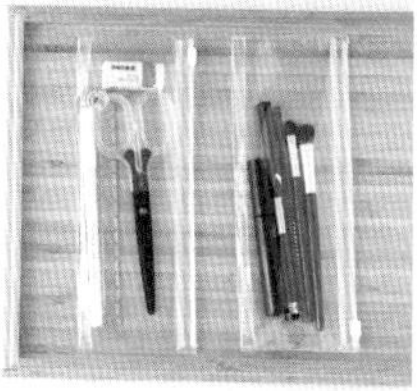

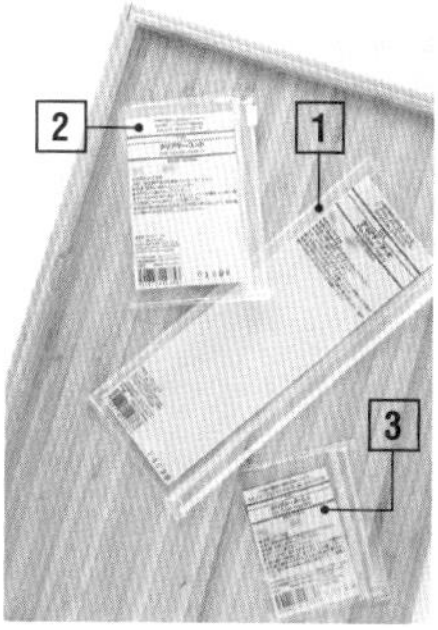

1 EVA透明夾鏈袋／大
約220×85mm
價格：150日圓

2 EVA透明夾鏈袋／小
約120×85mm
價格：100日圓

3 EVA透明夾鏈袋／迷你
約85×73mm
價格：90日圓

隨手一拿就可以出門了！一袋在手，準備超輕鬆。

要帶孩子上醫院時，這款EVA夾鍊袋相當好用。裡面裝了健保卡、診察券、藥品，只要拎這一包就可以直接出門，大大縮短了準備時間。

→shiroiro.home

EVA夾鍊收納袋／B6
價格：120日圓

零散的各種卡片也能輕易取出超優秀的黏貼式口袋！

卡片如果和大型物品放在一起，往往會被埋沒。自從我使用了這款黏貼式口袋，就再也沒有這個問題了。每張卡片獨立存放，就能隨時取出，十分方便！

→shiroiro.home

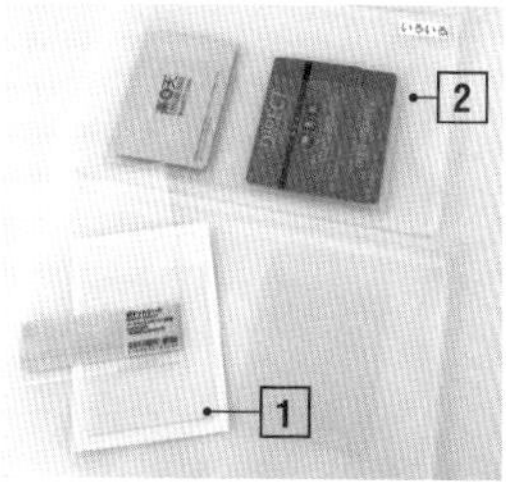

1 黏貼式口袋／卡片
1口袋／2入
價格：120日圓

2 黏貼式口袋／明信片
1口袋
價格：150日圓

每天用到的現金和記帳簿統一收納於檔案盒！

我用標準型的檔案盒準備了一份「收支管理套組」。這個檔案盒的高度剛好能完全藏住筆記本、計算機和文件夾，但又不會太高，取放都很方便。

我將餐費＋購買日用品（生活費）用的現金、筆記本、便利貼、文具、計算機和零錢盒都放在這裡，取用與存放金錢都在這裡處理。如果將這些東西收進抽屜，每次就得分別拿取，不過放在檔案盒裡，就能整盒拿走，在自己喜歡的地方管理收支。

→Yukiko

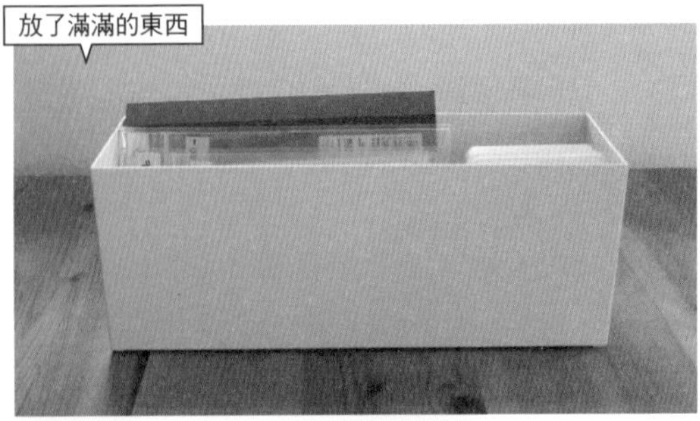

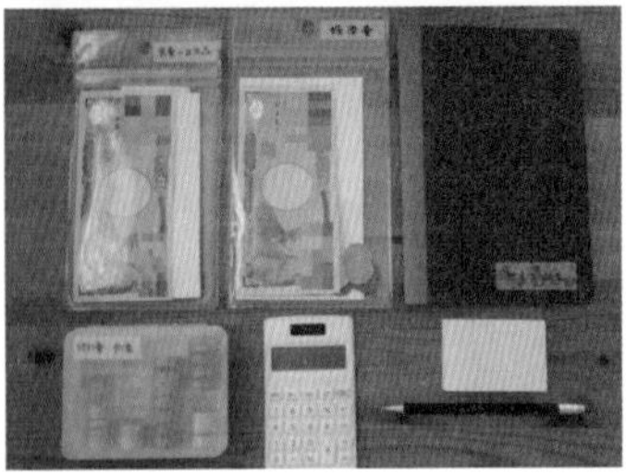

聚丙烯檔案盒／標準型
½／白灰
約寬10×深32×高12cm
價格：390日圓

能完美收納大小硬幣從一日圓到五百日圓都沒問題。

幼兒園募款、到附近自動販賣機買飲料時，經常會用到零錢。以前我都是直接從錢包裡拿錢，卻常常打開才發現「沒零錢」！所以我改用無印良品的聚丙烯藥盒（S）。雖然這原本的用途是裝藥丸，但剛好能完美收納一日圓到五百日圓的硬幣。而且內部劃分成六個空格，剛好能收納六種日圓硬幣。事先整理起來，需要用零錢時就不會手忙腳亂了。

→pyokopyokop

聚丙烯藥盒／S
8.5×6.6×2cm
價格：190日圓

大量的防災物資都裝進耐壓收納箱！

我會將防災物資全部收納在一個結實的收納箱，以備不時之需。這款收納箱容量很大，除了能收納糧食，還可以輕鬆容納大量廁所紙巾和簡易如廁袋等物品，而且能整理得十分整齊。它也可以充當簡便的座椅，非常方便。

其造型簡單，不會造成壓迫感，即使放在空間有限的玄關處也不會顯得突兀。

→H

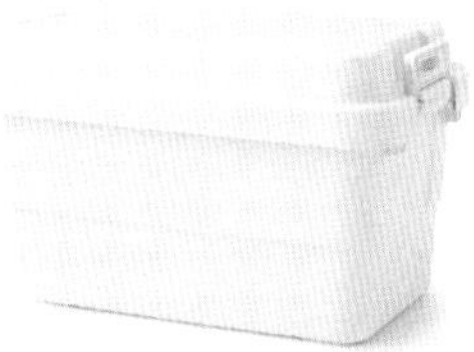

耐壓收納箱／大
約寬60×深39×高37cm
價格：2490日圓

使用夾鍊式收納袋 出門時只需要放進包包！

我會用EVA夾鍊收納袋整理孩子的幼兒園物品。這種袋子不怕髒又防水，準備幼兒園要用的東西時，整袋放進包包就行了。事先決定好要用的東西收納在這裡，就不必擔心出門前手忙腳亂。另外，我在家裡各處都放了LED手電筒。

我喜歡它簡約的半透明燈罩，不會破壞房間的裝飾風格；而且只需要一顆電池就能使用，方便極了！光是擺著也像一座裝飾。

→pyokopyokop

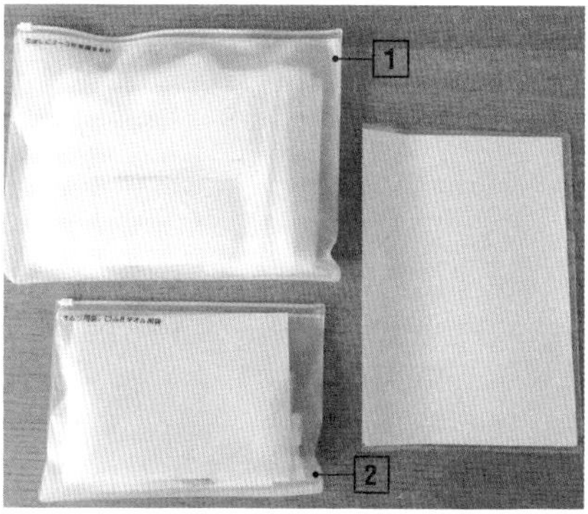

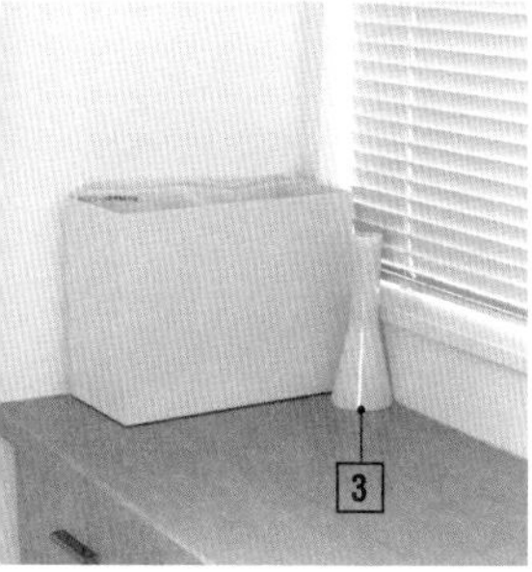

1 EVA夾鍊收納袋／A5
價格：120日圓

2 EVA夾鍊收納袋／B6
價格：120日圓

3 LED手電筒／大
型號：MJ-TBL63
價格：2990日圓

全家人份的防災物資用耐壓箱收得井然有序。

我們家常備防災物資，以防碰上突如其來的地震、颱風、洪水等天災。考量到全家人需要的分量，數量肯定相當多，不過無印良品的耐壓收納箱真的很結實，容量又大，能容納大量的水、紙張、防寒衣物。為了方便攜帶，我將箱子放在推車上。萬一發生緊急狀況時，還要思考帶什麼東西走，肯定什麼都做不了。所以，這個耐壓收納箱用來收納防災物資再適合不過了。

→ta__kurashi

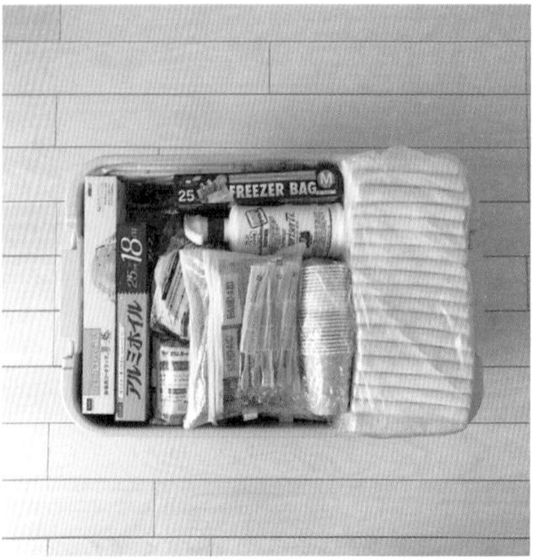

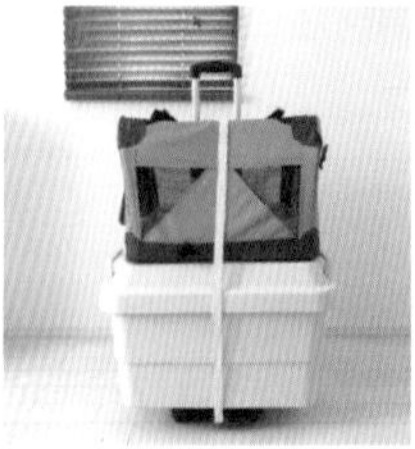

耐壓收納箱／大
約寬60×深39×高37cm
價格：2490日圓

用天然材質的籃子整齊收納清潔工具♪

我們家的清潔工具收納在放置電腦相關設備的架子上。原本應該放在清潔工具的專用櫃，可是我們家兒子喜歡玩拖把和掃把的桿子，我怕發生危險，所以才放在兒童護欄附近的架子上。

椰纖編長方形籃是用藤框和竹框搭配椰子纖維編織而成，可以藏住與電腦設備毫不相干的東西，避免破壞室內裝飾風格。而且這樣打掃時也不需要每次都跑到遠處的櫃子拿取清潔工具，意外的進而提高了清潔效率。

→Tomoa

椰纖編長方形籃／小
寬約37×深26×高12cm
價格：1290日圓

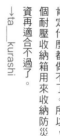

掛起來就完成的收納步驟和外觀都完美！

比起外觀，我更重視收納的實用性……但如果看起來乾淨整齊當然是最好。

我使用無印良品的磁鐵片搭配檔案盒用的小盒子，收納每天用的面紙、記事本、迴紋針等文具。以前這些文具我都放在筆盒，收在抽屜裡面，但改用掛的之後，我省下了一、兩個步驟！成功打造一個動作就能完成的收納方式。

→yk.apari

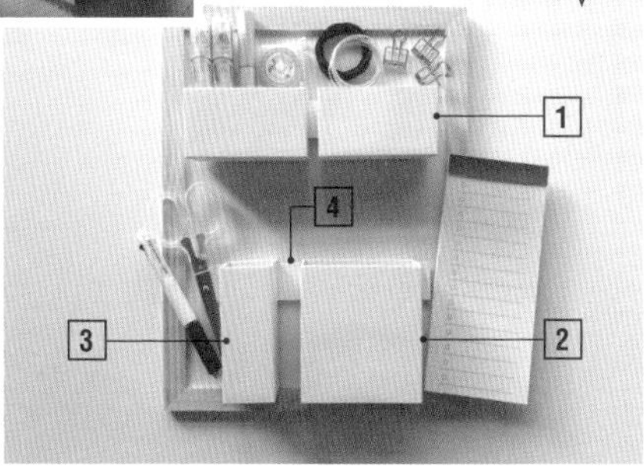

1 聚丙烯檔案盒用（隔間小物盒）
約寬9×深4×高5cm　價格：150日圓

2 聚丙烯檔案盒用（小物盒）
約寬9×深4×高10cm　價格：190日圓

3 聚丙烯檔案盒用（筆盒）
約寬4×深4×高10cm　價格：150日圓

4 磁鐵片
約寬19×深0.4×高3cm　價格：190日圓

考量到做事效率與其隱藏不如採開放式收納。

紙箱和報紙拿去丟之前，我會先綁好放在玄關，要用的工具也一併收在看不見的地方，但每次要拿的時候都麻煩的要命。我這才意識到，不是只有將物品藏得很深才算整潔的收納，於是也學習了開放式收納的方法。無印良品的不鏽鋼收納籃可以清楚看見裡面放了什麼，提把設計也方便取用工具。我準備了兩個籃子，一個用來放綑綁回收物品用的膠帶和塑膠繩，另一個則用來收納鞋子的清潔用品。光是用了這一款籃子，做事就能變得更有效率了！

↓小小的房子

不鏽鋼收納籃1
約寬26×深18×高18cm
價格：1290日圓

檔案盒可以藏起內容物還能充當臨時垃圾桶！

我們家二女兒還只有一歲的時候，常常出於好奇跑去翻垃圾桶，還會把東西塞進嘴裡。我怕她發生危險，後來我一度將垃圾桶放在檯子上，但這樣垃圾桶又太顯眼……。最後我決定用檔案盒代替垃圾桶。

檔案盒上面雖然有個圓形的開口，但不至於讓垃圾掉出來，完全沒有問題。檔案盒看起來不像垃圾桶，所以也不會影響美觀，重點是再也不用擔心女兒碰到垃圾了。

→pyokopyokop

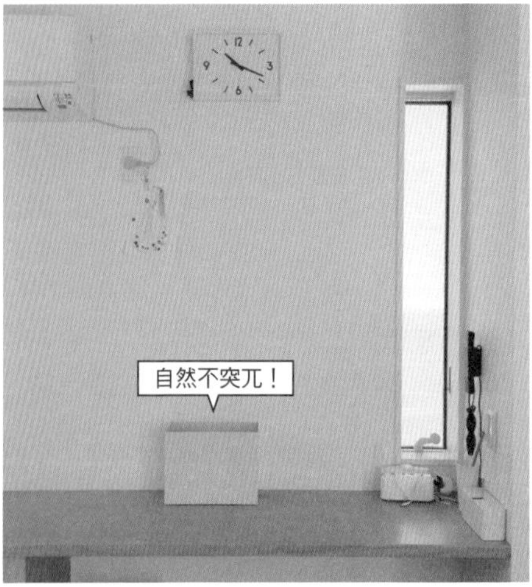

聚丙烯檔案盒／標準型
寬／A4／白灰
約寬15×深32×高24cm
價格：790日圓

邊緣加高的托盤盛放物品更安心。

這款方形托盤的材質是很多家具也會使用的橡木，木紋設計優美，能夠襯托任何餐具的美。托盤的底較深，而且邊緣加高，即使孩子不小心打翻飲料也不用擔心。這系列有好幾種尺寸，可以根據用途挑選，或許也可以考慮分別準備端菜用和桌墊用的托盤。

→Y

木製方形托盤
約寬35×深26×高2cm
價格：1990日圓

柔軟的儲物袋是收納循環扇的最佳選擇！

雖然我盡量不添購收納用品，但如果真的很好用又能讓生活變得更舒適，也不是不能買……。深型的軟質聚乙烯收納盒就是這樣的產品。有次我試著將循環扇放進去，發現出乎意料地剛好！這本來是為了其他用途才買的，沒想到竟然能帶給我這樣的驚喜。以前我都是用來裝塑膠袋，收在壁櫥裡，不過我更推薦現在這種美觀的收納方式。堆在台車上，放在房間角落，也不會破壞簡約的房間風格。

→yk.apari

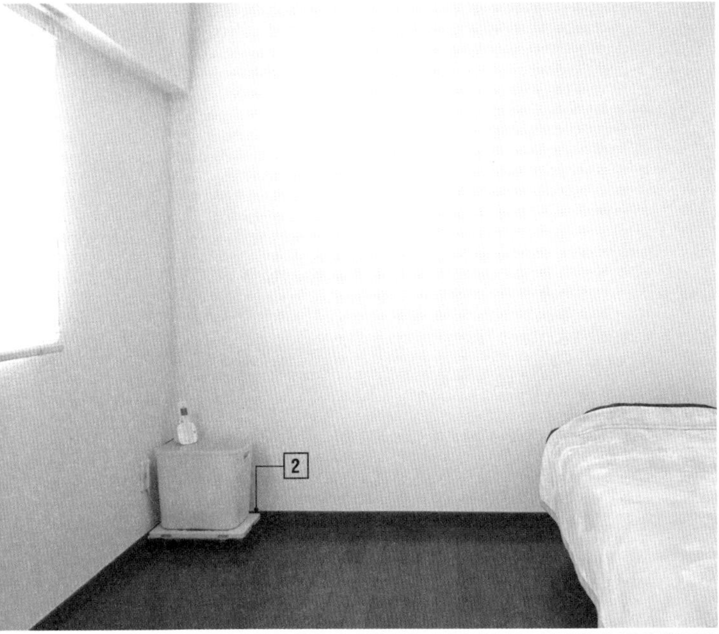

1

軟質聚乙烯收納盒／大
約寬25.5×深36×
高24cm
價格：890日圓

2

縱橫皆可連接
聚丙烯平台車
約寬27.5×深41×
高7.5cm
價格：1990日圓

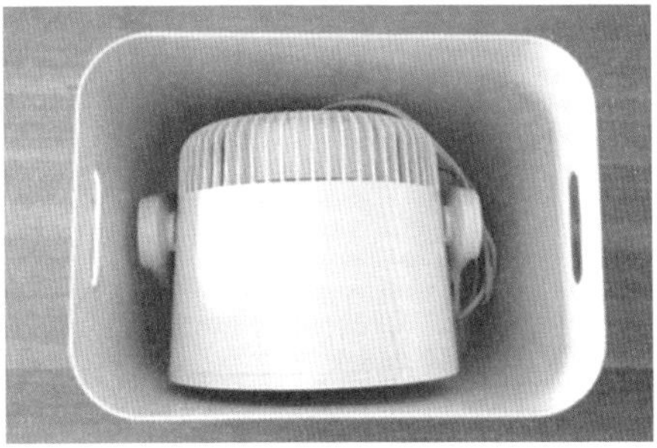

只要制定好規則孩子也能自己收拾。

保持孩子房間整潔的訣竅，是替每件物品設定好固定的收納位置。例如，孩子經常隨手丟在地上或床上的書包，可以在房間門口附近放一個不鏽鋼收納籃，這麼一來只需要將書包放進去就算收拾完畢了。

另外，常常亂丟在抽屜裡的筆和膠帶等文具，利用隔板好好分類，就能整理得整整齊齊又方便拿取。

善用無印良品的產品，即可輕鬆打造出孩子也有辦法順利收拾物品的收納機制。

→littlekokomuji

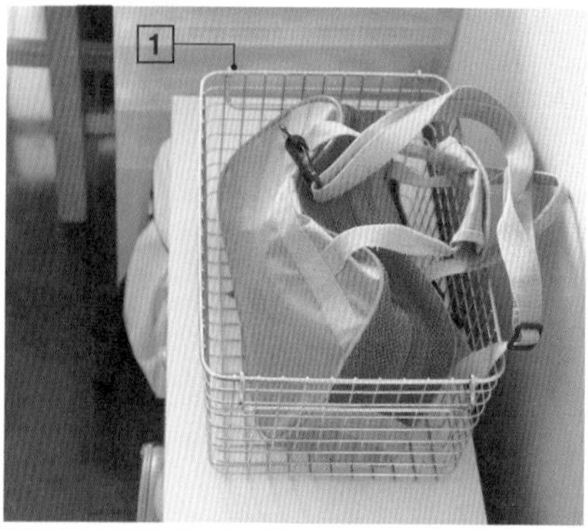

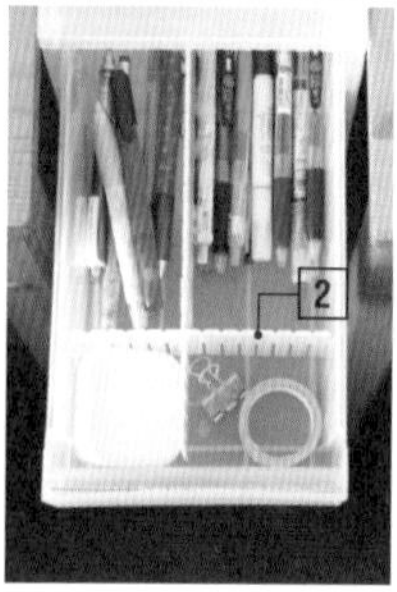

1 不鏽鋼收納籃4
約寬37×深26×
高18cm
價格：1990日圓

2 PP分隔板／
大／4入
約寬65.5×深0.2×
高11cm
價格：790日圓

不斷增加的積木用附隔板的盒子更好收納！

孩子的積木玩具愈來愈多，以前我是全部用一個大箱子裝，但那樣很難看出有哪些積木，孩子也沒辦法迅速找到想要玩的積木。而且一旦全部倒出來，收拾的時候也會很麻煩……。於是我改用附隔板的PP盒，尺寸剛剛好，可以按照顏色分類收納。這樣一來，孩子也非常開心，因為能馬上找到想玩的積木。相較於以前全部裝在一起，現在這樣收納，方便程度三級跳。

→A

PP盒／淺型／2格
附隔板（正反疊）
約寬26×深37×
高12cm
價格：1490日圓

樂高按顏色分類
不只能玩得開心
孩子也能一起收拾。

我們家大量的樂高會按顏色分類整理，而不是全部收在一起。

配合無印良品的SUS層架組和PP盒，就能打造便利的積木收納櫃。按顏色區分積木收納的抽屜，孩子更容易在玩耍時找到想要的積木，也更容易自動自發收拾。

想讓不愛收拾的孩子養成收拾的習慣，最好的方法就是設計一套有趣的收納機制。

→sachi

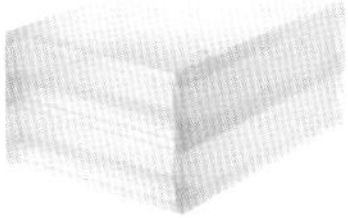

PP盒／薄型
2段（正反疊）
約寬26×深37×高16.5cm
價格：1690日圓

SUS追加用側片／亮面淺灰／小
高83cm用
價格：2190日圓
※照片中還搭配了其他配件

SUS追加棚／木製／灰／56
SUS深41cm規格用追加棚
價格：2790日圓
※照片中還搭配了其他配件

用檔案盒和不鏽鋼收納籃收納繪本。

我們家的臥室角落有一個繪本收納區。我原本很猶豫要不要購買繪本專用的書架，最後還是選擇了用途不拘的無印良品檔案盒和不銹鋼收納籃。搭配隔板區隔空間，大本繪本也能漂亮收納，重點是矮小的孩子也能自行拿取與收拾。隨著孩子年齡增長，繪本的數量也會變化，所以我不買繪本專用的收納用品，而是盡量選擇用途較多的物品。無印良品產品的魅力之一，就是用途廣泛，可以用於孩子房間、客廳、廚房等任何場所！

→pyokopyokop

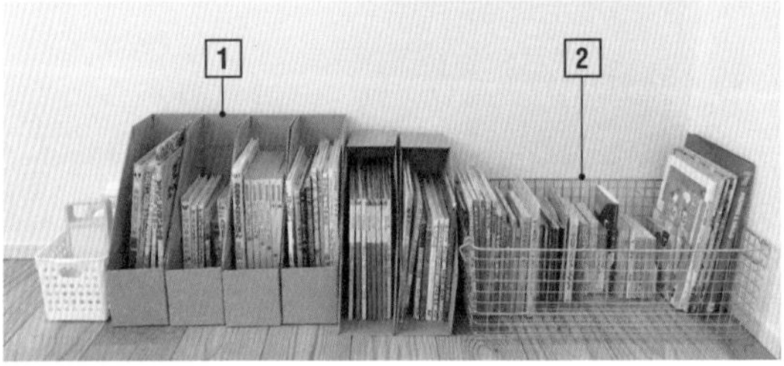

1 易摺疊厚紙板檔案盒
5入／A4用
價格：890日圓

2 不鏽鋼收納籃6
約寬51×深37×高18cm
價格：2990日圓

大型玩具也能一舉收納的組合技。

為了妥善收納愈來愈多的玩偶，我費了一番心思，最後想出了寬款檔案盒搭配手提收納盒的組合技。

其實檔案盒和手提收納盒可以疊起來。由於下方的檔案盒沒有隔板，適合收納娃娃屋等大型配件。疊在上面的收納盒則有隔板細分空間，方便收納玩偶和小配件。

這款手提收納盒用來收納其他玩具也非常不錯，相當適合孩子使用。

→nika

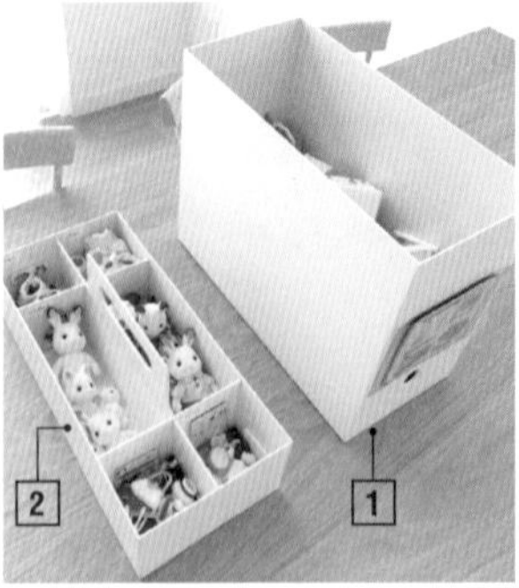

1 聚丙烯檔案盒／標準型
寬／A4／白灰
約寬15×深32×高24cm
價格：790日圓

2 PP手提收納盒／寬／白灰
約寬15×深32×高8cm
（含把手高13cm）
價格：1090日圓

輕便易取的收納盒拿來當成玩具箱孩子也能自行收拾。

我們家兒子的玩具，屬積木這種小東西特別多，我為此煩惱了許久，直到我發現無印良品的軟質聚乙烯收納盒，有種終於找到答案的感覺！

為了讓兒子一看就知道盒子裡面放了什麼，我在外側貼上簡單的圖案標籤，看起來可愛多了。這款收納盒輕便又有提把，兒子也能輕易將整個盒子抽出來盡情玩耍。蓋上蓋子還可以堆疊收納，不占空間。

玩完後也只需要將玩具放回盒子，所以兒子也能自己收拾玩具。我就這麼成功打造出了一套孩子也能自行收拾的收納機制。

→Tomoa

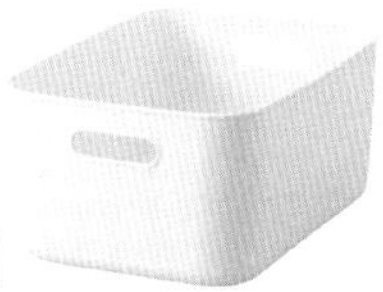

1
軟質聚乙烯收納盒／中
約寬25.5×深36×高16cm
價格：690日圓

2
軟質聚乙烯收納盒用蓋
約寬26×深36.5×高1.5cm
價格：290日圓

貼上標籤好清楚

「環保過生活」**Maki** 女士

營造舒適生活的愛用品。

Maki女士一家四口過著盡可能的「不囤物生活」。
她精挑細選後留下的少數物品中，包含了無印良品的商品。
Maki女士推薦哪些對生活和家事有幫助的東西呢？

做家事的閒暇之餘喘口氣。能輕鬆清理的懶骨頭。

「就算沒有大沙發，也能放輕鬆！」Maki女士大力推薦。懶骨頭重量輕，女性也能輕易搬動，打掃時可以馬上挪開，相當方便，放在客廳也不擋路。懶骨頭的椅套可以拆下來清洗，輕鬆維持清潔。

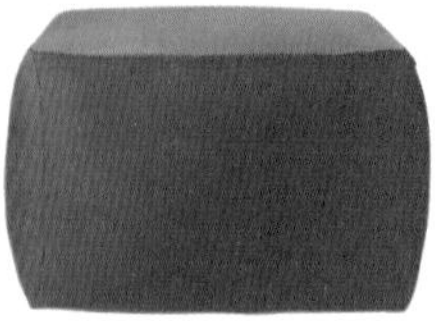

懶骨頭沙發／本體
寬65×深65×高43cm
價格：9990日圓
※椅套另售

Maki女士的生活哲學是「不需要的東西就不要放家裡」、「不做無謂的家事」。不過她倒是有不少愛用的無印良品產品！她帶我們參觀家裡，並告訴我們：「無印良品的產品外觀簡樸，添購也方便，所以我們家有不少用了好幾年的東西。」以下將鉅細靡遺地為大家介紹簡約生活達人Maki女士真心認為「好用」的東西。

Profile

簡約生活研究家。現居於東京都。經營超人氣部落格「環保過生活」（エコナセイカツ），介紹許多節省時間和節約能源的生活技巧，著有《不用做的家事》、《不囤物生活的愛用品》、《不用做的料理》（皆為暫譯）等多部著作。

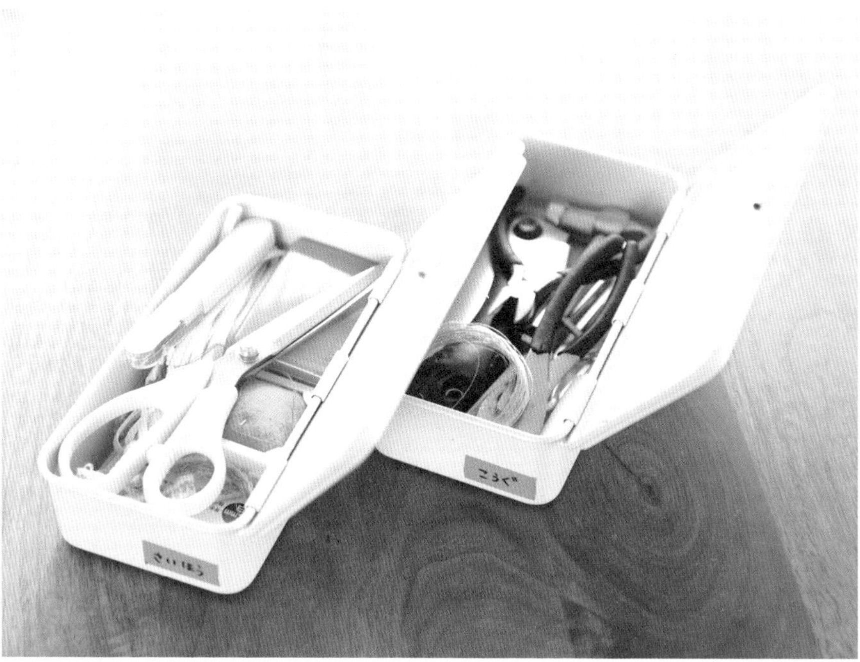

簡約又時尚。
輕鬆寫意收納小東西。

平常都
收在
電視櫃

收納裁縫用具與工具的鋼製工具箱，平常放在客廳的電視櫃。還有其它東西也是用這款工具箱收納，所以外頭還貼上了紙膠帶，明確寫上內容物。雜七雜八的小東西全部收進工具箱，看起來乾淨俐落。

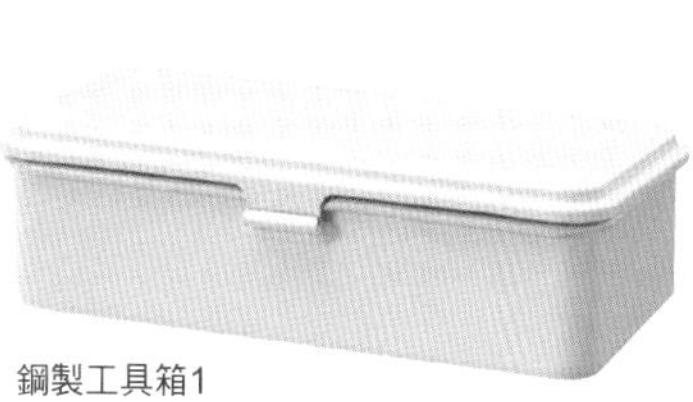

鋼製工具箱1
約寬20.5×深11×高5.5cm
價格：1190日圓

用無印良品再忙也能維持居家環境整潔。

以下介紹各種打掃方法，生活繁忙也能維持環境整潔。打掃再也不用那麼累！

Category | 掃除

搭配使用各種收納盒打造臨時置物區。

我們家的收納規則簡單明瞭，家裡各處都有設置簡易收納處，只要將東西大致一放、一扔就算收拾完成。客廳的收納區域也規劃成可以迅速收拾、確保觀感整潔的模樣。無印良品的椰纖編長方形盒在這種不拘小節的收納系統中擔綱了要角。

→Osayo

1
椰纖編長方形盒
寬約26×深18.5×高12cm
價格：990日圓

清潔用具全部裝進托特包掛在牆上更方便取用。

我們家二樓臥室有準備專用的清潔用具，這些東西的收納重點，是裝進白色托特包，並用掛鉤掛起來。這樣不僅看起來乾淨，想要打掃時也能馬上拿出來用。

托特包裡裝了一瓶無印良品的鹼性電解水搭配紙巾，可以代替抹布使用。地毯清潔滾輪則方便快速清理床鋪和枕頭上的頭髮。無線吸塵器的床鋪專用吸頭也放在裡面。

→mayuru.home

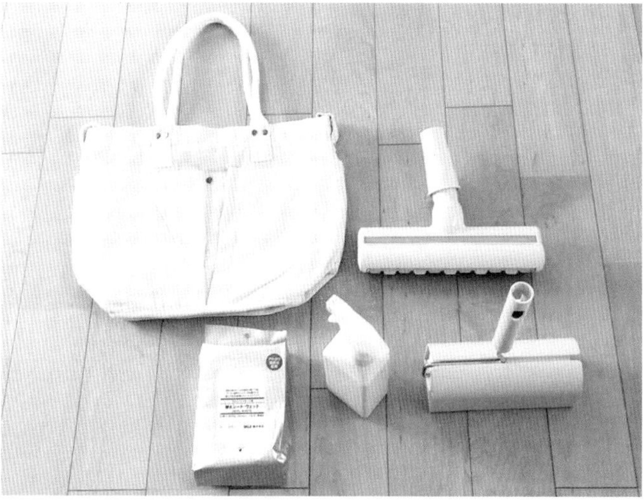

純水清潔劑
鹼性電解水
450ml
價格：499日圓
※照片為舊款商品

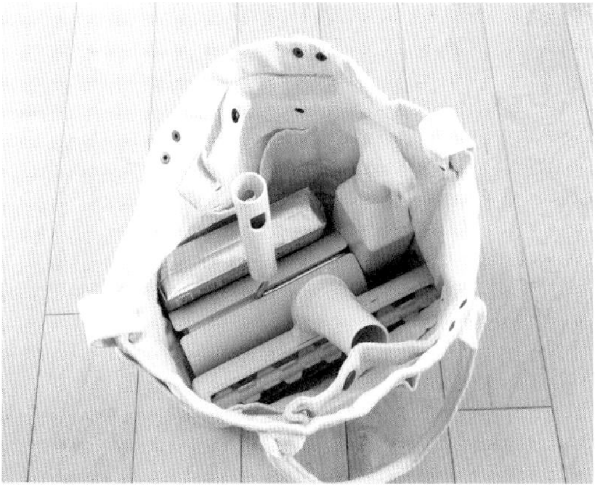

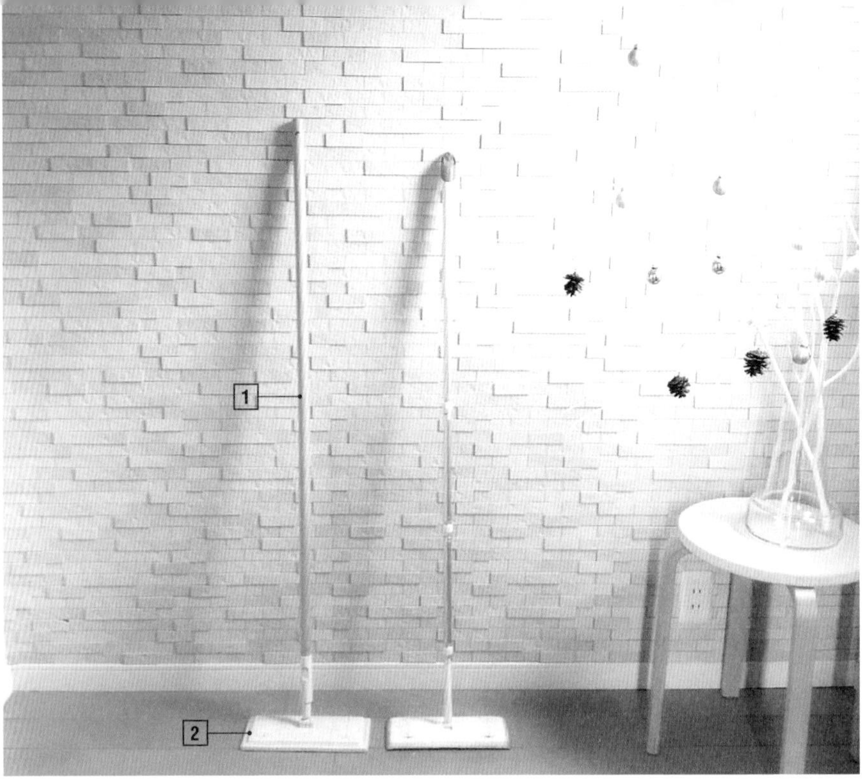

無印良品的拖把可以大幅縮短麻煩的拖地時間！

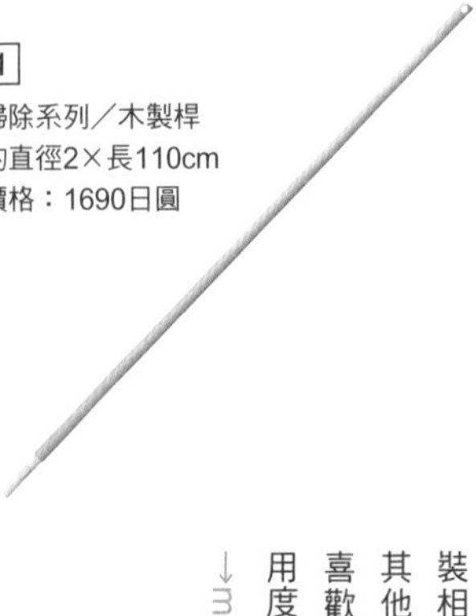

1
掃除系列／木製桿
約直徑2×長110cm
價格：1690日圓

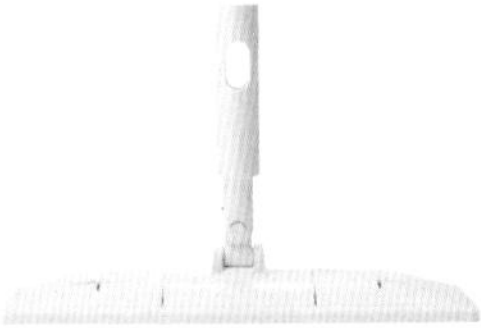

2
掃除系列
地板除塵拖把兼用
約寬25×深10×高16cm
價格：790日圓
※照片為舊款商品

我們家有一把無印良品的除塵拖把。拖把頭裝上木製桿後，拖起室內地板真的很方便。以往都要辛苦地拿抹布擦地，改用類似拖地板的方式之後就輕鬆了不少，節省了很多時間。

雖然我也有用其他牌子的產品，但無印良品的拖把配件安裝相當簡單，木製桿也能裝上其他牌子的清潔用品。但我最喜歡的還是它簡樸的外觀與耐用度。

→mayuru.home

只要三九〇日圓地毯清潔滾輪就能化身萬能清潔工具！

無印良品的地毯清潔滾輪造型本來就很簡練，再加裝一根三九〇日圓的桿子，就能化身萬能清潔工具。從此再也不必蹲著打掃，無論是坐著還是看電視的時候，任何姿勢都可以「順便打掃」。

收回外盒時，需要用左腳輔助。平時放在廚房旁邊，一點也不占空間。而且加裝桿子之後，我也比以前更常使用地毯清潔滾輪了。

↓阪本Yuuko

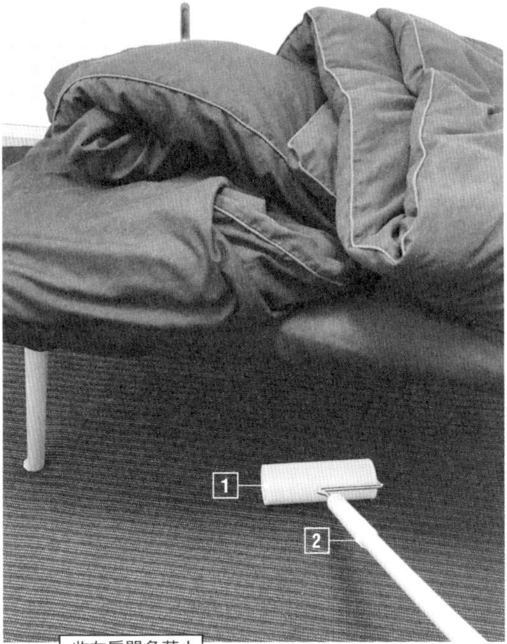

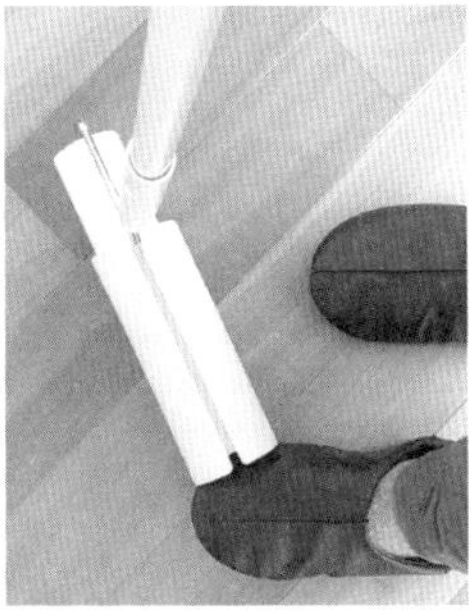

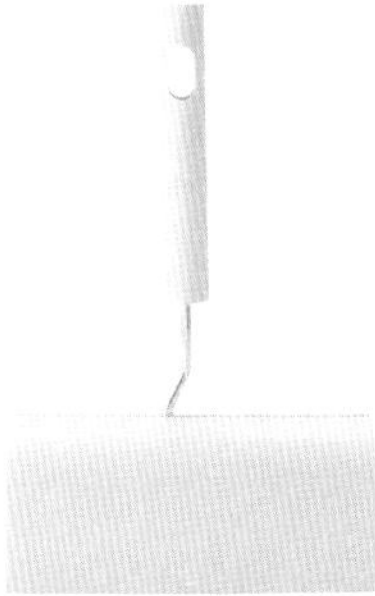

1
掃除系列／地毯清潔滾輪
約寬18.5×深7.5×高27.5cm
價格：690日圓

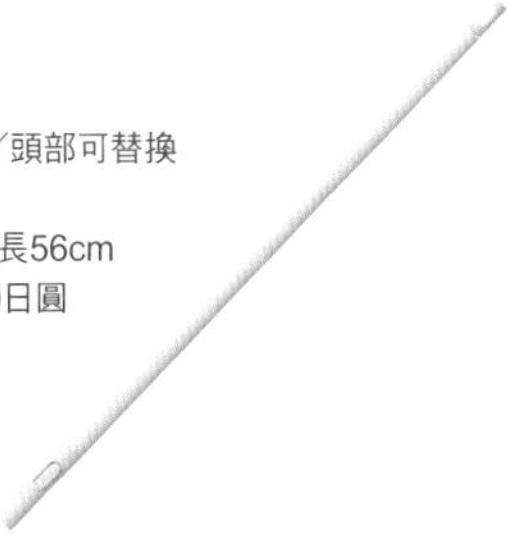

2
掃除系列／頭部可替換輕量短桿
約直徑2×長56cm
價格：390日圓

比倍半碳酸鈉水還厲害!? 無印良品的鹼性電解水。

某次辦完章魚燒派對後，我決定試用從無印良品買回來的鹼性電解水。我對著餐桌噴，再拿濕抹布擦拭，沒想到連原子筆的筆跡都擦掉了。於是我接著在電視櫃和電視前面的小桌子試了一下，結果同樣可以有效去除污漬。

就連長女平常吃零食和畫畫的桌子也可以擦一乾二淨，令我大吃一驚。

以前我都是用倍半碳酸鈉水，現在則會視髒污的狀況改用鹼性電解水。

→pyokopyokop

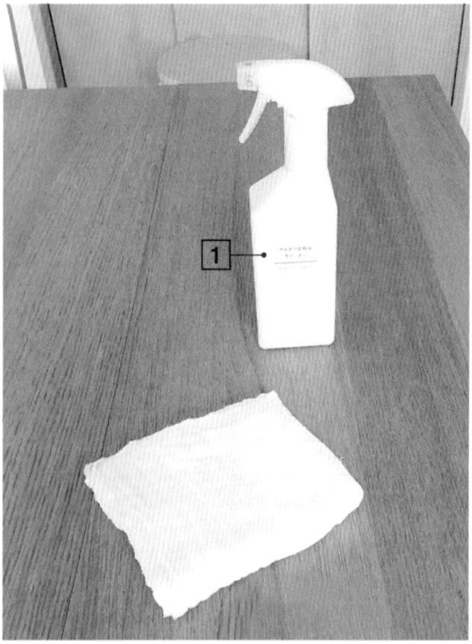

1 純水清潔劑
鹼性電解水
450ml
價格：499日圓　※照片為舊款商品

椅腳底部毛氈墊的灰塵 用地毯清潔滾輪清理！

我會用無印良品的地毯清潔滾輪，清理椅腳底部毛氈墊的灰塵。滾輪的造型十分簡約，不用特地收起來也沒關係，是個相當優秀的產品。

→pyokopyokop

掃除系列／地毯清潔滾輪
約寬18.5×深7.5×高27.5cm
價格：690日圓

地板清潔的最後 試試看滴上幾滴精油！

整理房間的最後一步，就是清理地板。我擦地板時都會滴幾滴精油，香氣怡人又具有抗菌作用，推薦大家試試看。

→Ayumi

精油／尤加利
10ml
價格：1190日圓

垃圾桶加裝輪子 打掃起來更順利！

設計這間房子時，我唯一的堅持就是垃圾桶的擺放位置。因為我不想將垃圾桶擺出來，所以在廚房斜後方設置了一塊專門放垃圾桶的區域。雖然這裡位於房子最後面，丟垃圾時可能要走一段路，但我還是希望垃圾桶不要放在太顯眼的地方……。

而在這個特地設置的垃圾桶區，我放了無印良品的上蓋可選式垃圾箱／大。這款垃圾箱的特色，在於另外購買的蓋子可以選擇橫開或縱開的形式。我還加裝了輪子，這樣就能輕鬆移動垃圾桶，堆在垃圾桶底下的垃圾也能輕鬆清理。而且天氣好的時候還可以整個拿去清洗，晾在院子裡，保持衛生。

→mayuru.home

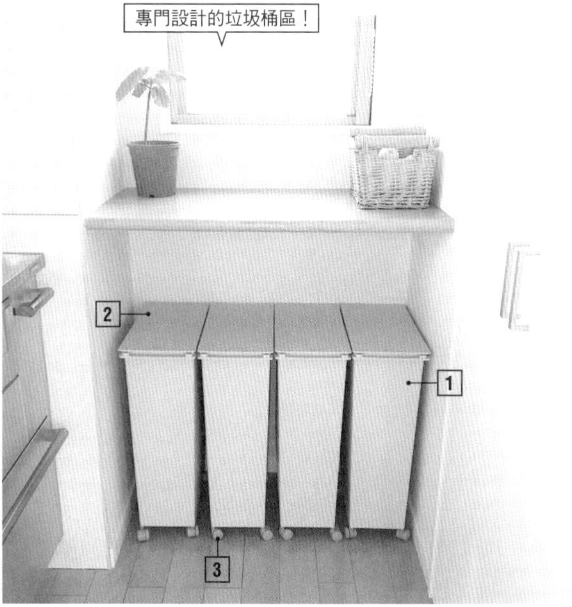

1

PP上蓋可選式垃圾桶
大／30L袋用
約寬19×深41×
高54cm
價格：1790日圓

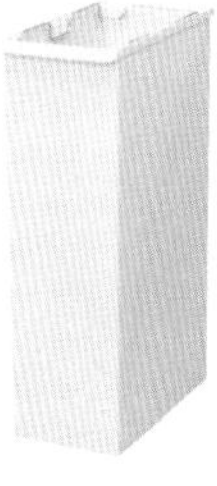

2

PP上蓋可選式垃圾桶用蓋／
縱開式
約寬20.5×深42×高3cm
價格：690日圓

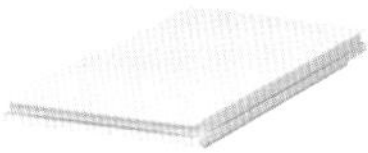

3

PP組合箱用輪子
價格：390日圓

清潔劑放在水槽下方。裝進無印良品的檔案盒取用時輕鬆方便。

「清潔工具要好拿」是我的座右銘。清潔劑和小蘇打粉收納在洗手台水槽下方的盒子裡，整整齊齊，以便清潔水槽時拿取。所有清潔劑都裝在一款我十分喜愛的立式斜口檔案盒，這些檔案盒很方便，可以直立存放二～五公斤密封袋裝的大包裝粉末清潔劑。檔案盒背面有個小洞，方便我從櫃子裡抽出來，這也是好用的地方之一；即使是笨重的粉末清潔劑也能輕鬆取出。由於同一個地方使用了好幾個相同的收納用品，因此必須貼上標籤明確標示內容物！多虧這套收納方式，我花不到兩分鐘就能做好打掃的準備了。

→Osayo

輕輕鬆鬆抽出！

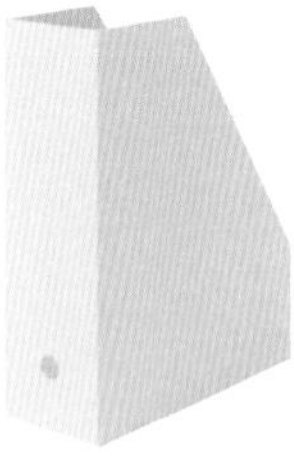

聚丙烯立式斜口檔案盒
A4／白灰
約寬10×深27.6×高31.8cm
價格：590日圓

使用不鏽鋼收納籃就能將清潔用品全部放在一起。

我們家的清潔用品全部裝在無印良品的不鏽鋼收納籃裡。我很中意這款籃子的深度，無論是長柄拖把、小掃帚還是畚箕都能輕鬆放入，要用時也能立即取出。如果籃子裡裝的清潔用品都是無印良品的產品，看起來也很有整體感。原本一想到打掃就覺得麻煩，現在也變得有趣了起來。至於比較難找到收納處的噴霧瓶可以直接掛在籃子上，既節省空間，便利性也無話可說。

↓Y

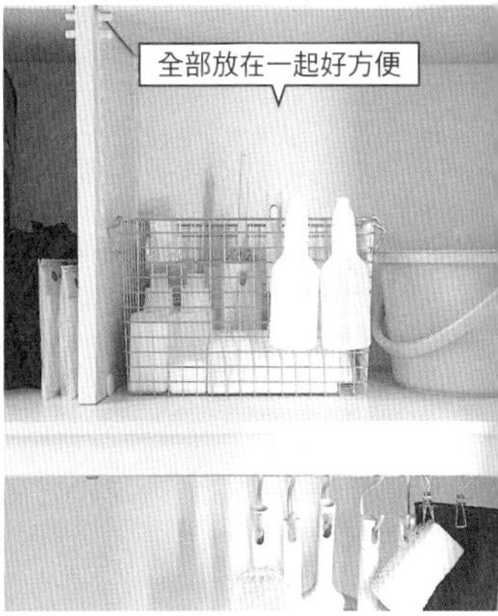

1

不鏽鋼收納籃5
約寬37×深26×高24cm
價格：2490日圓

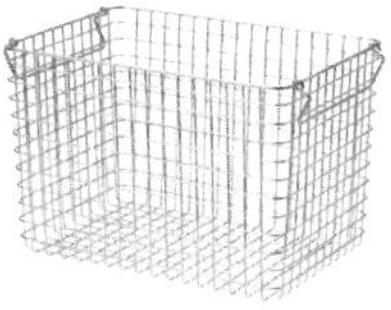

2

掃除系列
微纖毛除塵撢／迷你
約長33cm
價格：890日圓

3

掃除系列
桌上型掃帚／附畚箕
約寬16×深4×高17cm
價格：490日圓

4

掃除系列／玻璃清潔刮把
約寬24×深7×高18cm
價格：690日圓

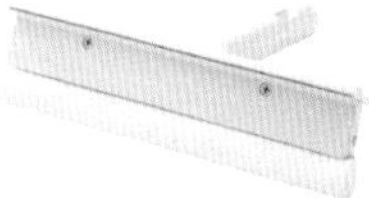

浴室清潔工具一應俱全提升打掃動力！

浴室清潔本來就很麻煩，天氣一冷又更讓人提不起勁。所以我會準備一些自己覺得好用的浴室清潔工具，提升打掃的動力。

無印良品的衛浴用品都是白色的，能統一色調。衛浴用品和清潔工具用不鏽鋼絲夾或S掛鉤整理，每項物品都能擺在最方便使用的位置。浴室看起來清新，打掃的動力也會大大提升。

實際上，若清潔工具擺在方便取用的位置，發現髒污時就能迅速清理，頻繁清理浴室也能防止黴菌滋生。

→kumi

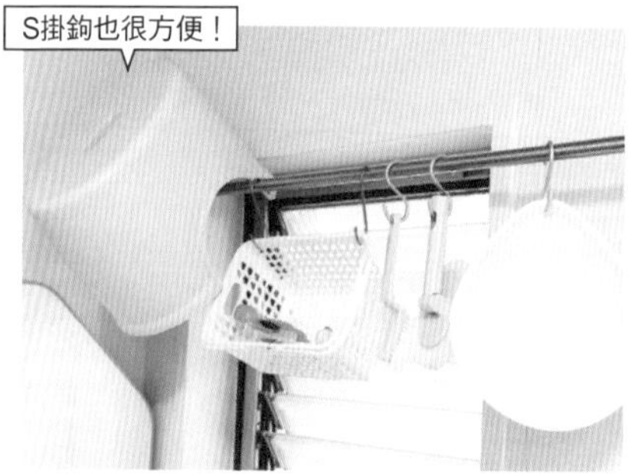

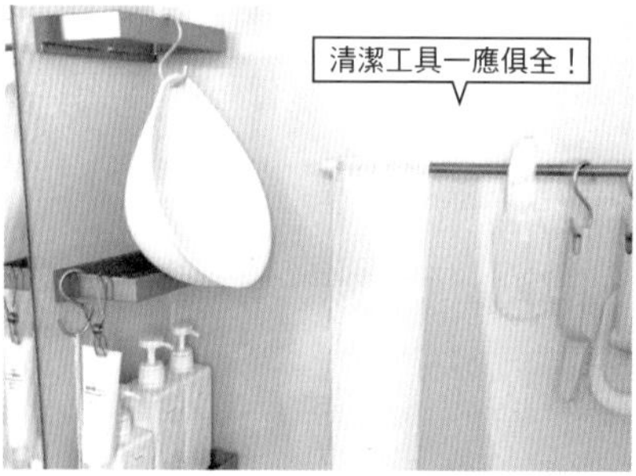

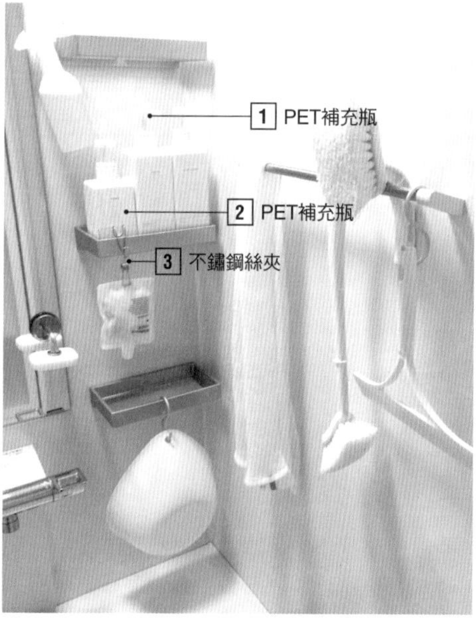

1

PET補充瓶
白
600ml
價格：350日圓

2

PET補充瓶
白
400ml
價格：290日圓

3

不鏽鋼絲夾／
掛鉤式／4入
約寬2×深5.5×
高9.5cm
價格：490日圓

有個縫隙清潔刷浴室清潔無死角！

說到浴室清潔的必備工具，首先是無印良品的縫隙清潔刷。這把刷子能深入浴室的邊邊角角，難清理的地方也能清得乾乾淨淨。另一個推薦的用品是聚氨酯三層浴室海綿，起泡效果非常好，也不容易殘留水分。

我每天清理浴室時絕對少不了這兩樣工具，所以都掛在牆上的掛鉤。此外，我還在掛浴室板凳的鉤子上掛了臉盆，並在上面放一塊浴用海綿，方便隨時使用。

→Ayumi

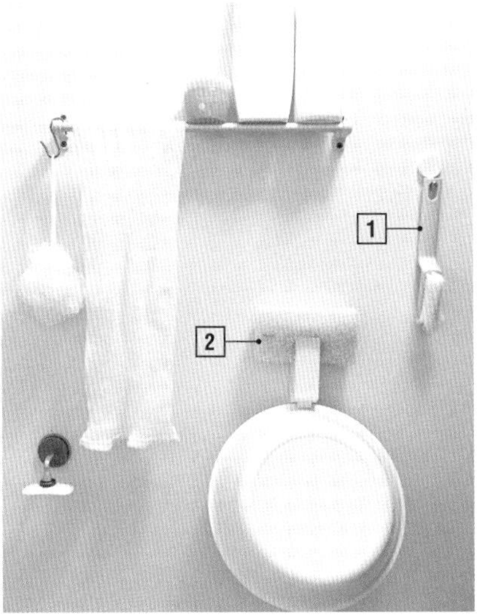

1 掃除系列／縫隙清潔刷
約寬3×深19×高9.5cm
價格：290日圓

2 聚氨酯三層浴室海綿
約寬7×深14.5×高4.5cm
價格：290日圓

善用S掛鉤衛生收納清潔工具。

我會用無印良品的S掛鉤將清潔工具掛在浴室門上。長柄海綿用於全面清潔，硬毛刷則用來清理明顯的髒污。這些工具平時只要常用除菌紙巾擦一擦，也完全不會髒。

→H

鋁製S掛鉤／中／2入
約寬4×高8.5cm
價格：190日圓

使用縫隙清潔刷清理換氣扇濾網。

在清洗浴室換氣扇的濾網時，推薦使用無印良品的縫隙清潔刷。這款刷子的刷毛偏硬，非常合適拿來刷濾網，能輕鬆將濾網清理乾淨。

→pyokopyokop

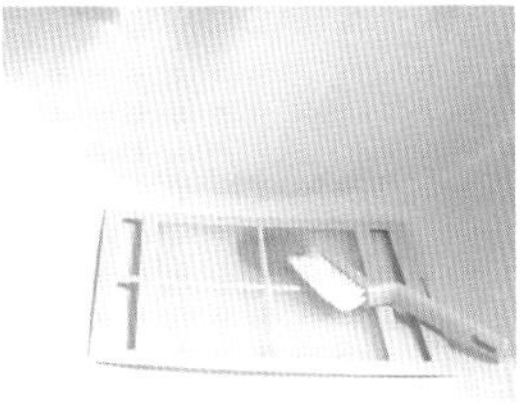

掃除系列／縫隙清潔刷
約寬3×深19×高9.5cm
價格：290日圓

利用掛鉤的懸吊式收納能有效維持浴室清潔。

我們家的浴室用品，基本上都是採懸吊式收納。臉盆先拿百圓商店的扣環扣住，再用無印良品的不鏽鋼防橫搖S掛鉤掛起。

其他諸如浴用海綿和浴巾等浴室用品，也都會掛起來。這樣不僅可以瀝水，還能避免污垢堆積，清潔起來更容易，也不必擔心衛生問題。

→mayuru.home

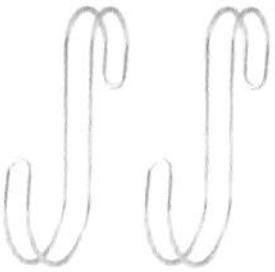

S掛鉤／防橫搖型／大／2入
約7×1.5×14cm
價格：790日圓

使用白色的聚氨酯海綿輕鬆統一浴室用品的色調。

我將浴室用品的色調統一為簡潔的白色。統一色調可以營造乾淨的印象，觀感上比較清新。此外，洗髮精瓶子上的標籤我也會撕掉，這是我的小巧思。

無印良品的白色聚氨酯三層浴室海綿，既不會破壞浴室整體簡單的色調，功能也非常出色。

→Ayumi

聚氨酯三層浴室海綿
約寬7×深14.5×高4.5cm
價格：290日圓

利用垃圾桶和掛鉤打造方便清潔的機制。

浴室和廁所，我利用無印良品的產品打造容易清潔的收納機制。無印良品的「PP垃圾桶／方型／附框架／小」是很經典的商品，可以將每天產生的垃圾收得乾乾淨淨。打掃時，只需使用「S掛鉤／防橫搖型／大／2入」將原本放在地上的東西吊起來，地面清理起來就輕鬆多了。想把所有東西吊起來的時候，掛鉤真的很好用，而且不只浴室，廚房等其他地方也會用到掛鉤。

想要維持浴室整潔，避免髒污、灰塵堆積以及環境濕黏，東西最好不要直接放在地上或檯子上！這種懸吊式收納用的掛鉤，在我們家的各個角落都發揮了很大的作用。

→Osayo

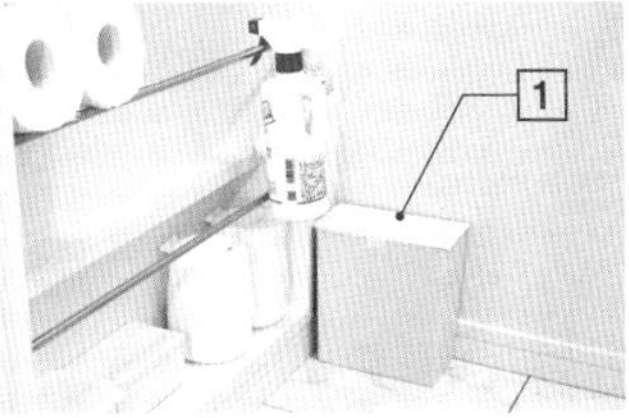

1 PP垃圾桶／方型
附框架／小／約3L
約寬10×深19.5×高20cm
價格：990日圓

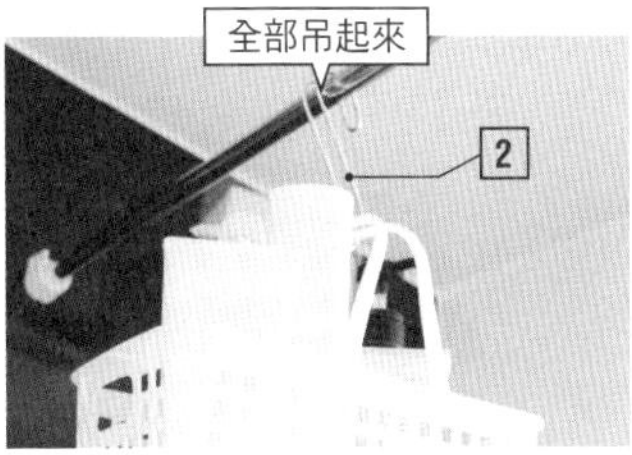

2 S掛鉤／防橫搖型／大／2入
約7cm×1.5×14cm
價格：790日圓

比起阻礙照明的頂天立地架附輪收納箱更容易維護整潔。

我以前是使用頂天立地架存放廁所用品，但是會擋住廁所的照明。於是我下定決心改用有滾輪的收納箱，打掃時可以輕鬆挪開，比我原本想像的還要方便。

→DAHLIA★

PP附輪收納箱1
約寬18×深40×高83cm
價格：3790日圓幅

掛上桿子就OK。輕便的不銹鋼絲夾。

我們家的加濕器濾網，每個月都會拿出來泡檸檬酸溶液，再拿去晾乾。這種時候，無印良品的不銹鋼絲夾十分方便，可以直接將濾網夾起來掛在曬衣桿上。

→mayuru.home

不鏽鋼絲夾／掛鉤式／4入
約寬2×深5.5×高9.5cm
價格：490日圓

不易殘留水滴的壓克力漱口杯讓清潔更輕鬆。

不久前，我家每支牙刷都是用無印良品的白磁牙刷架獨立擺放，但現在我只用來放刮鬍刀。因為要一個個清洗這些小架子太麻煩了，連我自己也沒想到這麼快就放棄這種做法。現在我改用無印良品的壓克力漱口杯裝所有的牙刷。

改變方式後，牙刷清潔起來簡單多了：先拿布將洗臉台擦乾淨，然後將牙刷橫放在洗手台上，清洗壓克力漱口杯，再用力甩掉水滴。壓克力杯非常不容易殘留水滴，而且尺寸小巧，可以徹底清潔到杯底。

↓阪本Yuuko

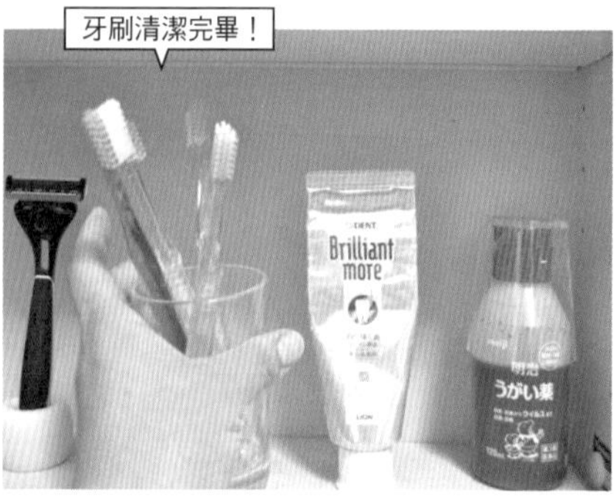

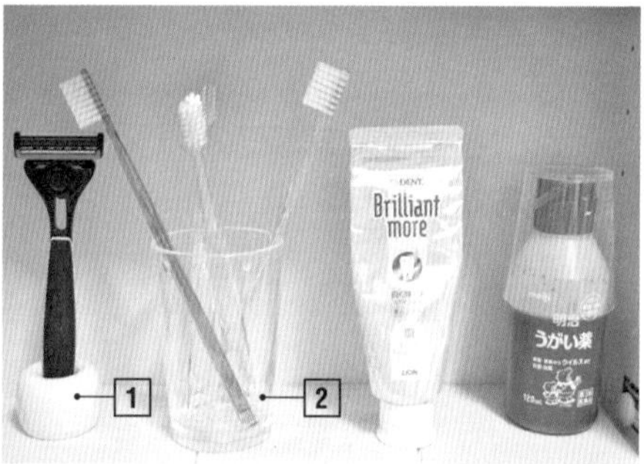

1

白磁牙刷架／1支用
約直徑4×高3cm
價格：350日圓

2

壓克力漱口杯
約直徑6.5×8.5cm
價格：690日圓

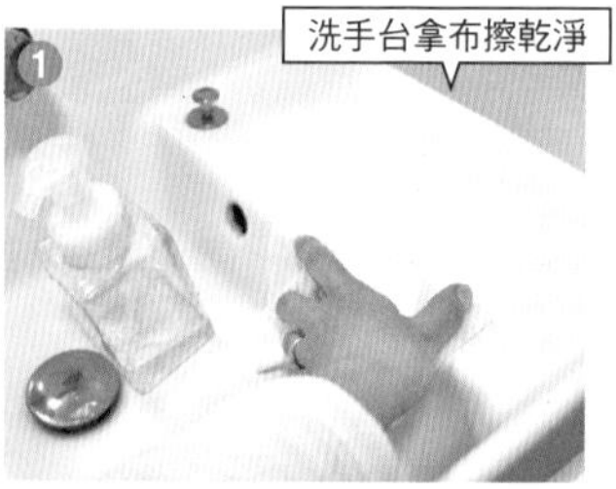

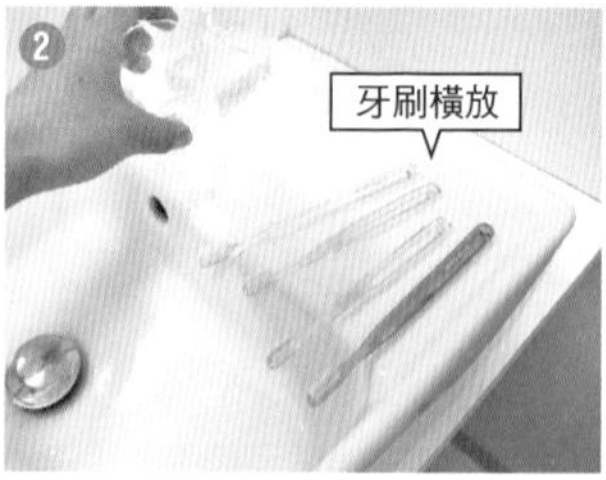

讓容易髒的盥洗室變得更好清理

還能整理消耗品。

盥洗室上層的架子，原本只能放大型物品不是嗎？所以我們家放了幾個無印良品的檔案盒，並且統一使用簡潔的白色款，用來存放清潔劑、洗髮精、海綿等清潔用的消耗品。檔案盒超乎想像地能裝，清潔起來也簡單了不少。

將所有東西放進檔案盒，清潔時可以整盒拿到要打掃的地方，而且一眼就能看出所有物品剩下多少，增加了我打掃的動力。

↓阪本Yuuko

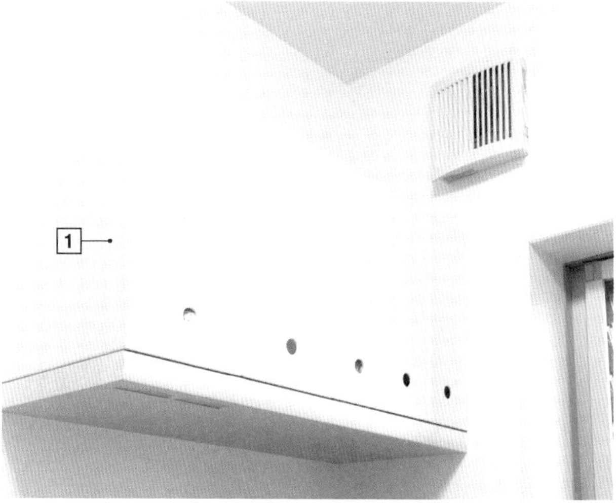

1

聚丙烯立式斜口檔案盒
寬／A4／白灰
約寬15×深27.6×高31.8cm
價格：790日圓

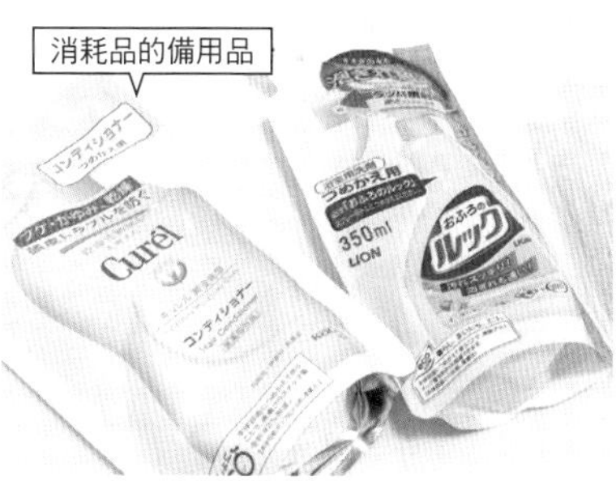

發現灰塵堆積馬上沖洗！隨時保持乾淨。

檔案盒非常適合用來收納文具，因為可以依類別區分收納空間，即使是容易凌亂的文具也能收納得有條有理，拿取時也不麻煩。而且文具放久了難免會弄髒收納空間，但因為使用檔案盒收納，清洗也比較容易，可以保持衛生。

→shiroiro.home

聚丙烯檔案盒／標準型
½／白灰
約寬10×深32×高12cm
價格：390日圓

空間較少的玄關採用懸吊式收納更方便清潔。

玄關東西多，收納空間卻很有限，所以我採用懸吊式收納。這樣不僅能騰出空間，打掃時也不必一直移動物品，過程更加順暢。

我喜歡壁掛家具的一點是安裝方式簡單，裝設後可以一舉擴大收納空間，一旦用過就回不去了。

→kaori

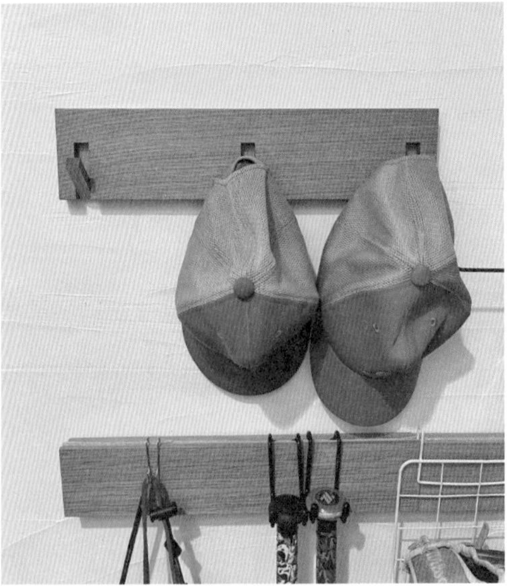

壁掛家具／三連掛鉤
橡木／寬44cm
價格：3490日圓

機動性十足的桌上型掃帚清理到每一個角落。

我們家有四個人，鞋子數量相當驚人，包含平常穿的、雨天穿的，還有客用拖鞋……。也因此，玄關的鞋櫃很容易積灰塵。雖然我們家的鞋子會放在托盤上，但還是會出現一些塵土。

雖然也可以把所有鞋子移開後用吸塵器清理……但這樣有點麻煩！這時候無印良品的桌上型掃帚就派上用場了。它還附有畚箕，相當方便，隨時可以拿出來輕鬆掃掉塵土，確實清理到邊邊角角；收納時還可以立起來放，而且小巧輕便，小朋友拿起來剛剛好，他們也因此更樂於幫忙打掃了。

↓阪本Yuuko

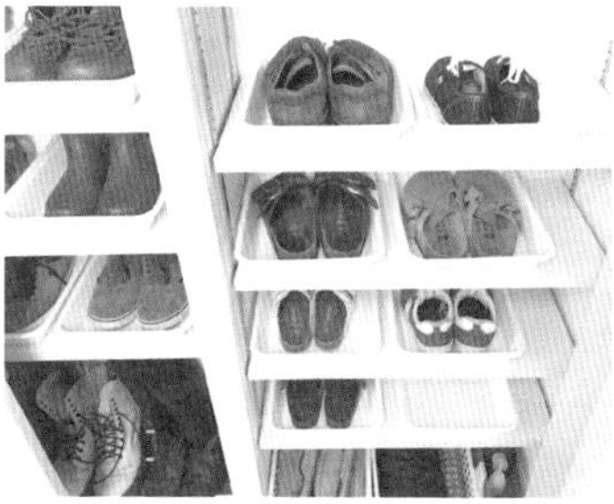

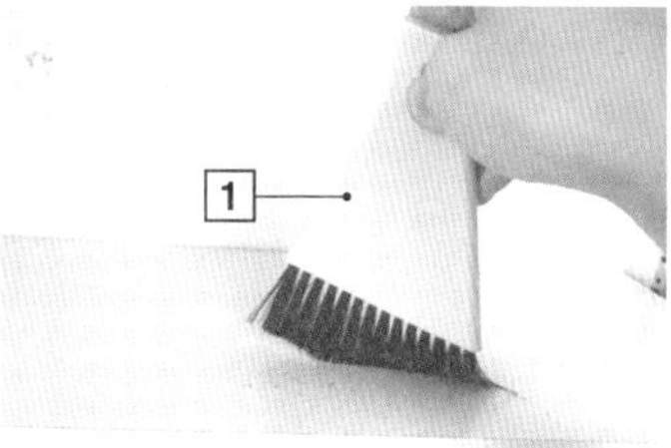

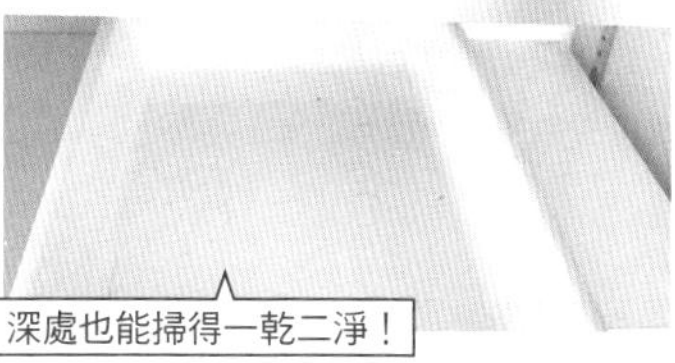

深處也能掃得一乾二淨！

1

掃除系列
桌上型掃帚／附畚箕
約寬16×深4×
高17cm
價格：490日圓

這2項用品
堪稱天作之合！

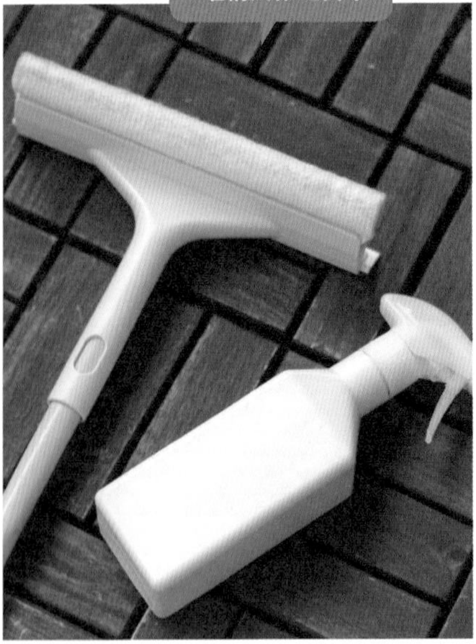

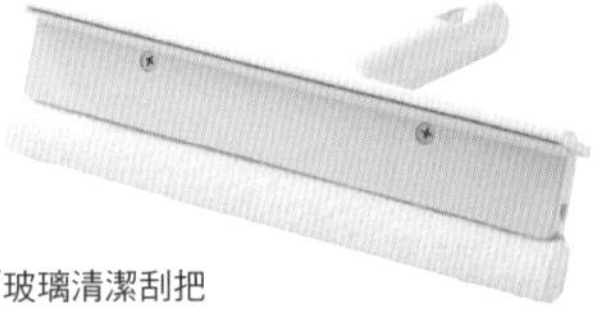

掃除系列／玻璃清潔刮把
約寬24×深7×高18cm
價格：690日圓

用無印良品的玻璃清潔刮把清潔窗戶再也不需要抹布。

清潔窗戶時，一下要拿濕抹布擦，一下又要換乾抹布擦未免太麻煩，我們家是用無印良品的玻璃清潔刮把搭配噴霧瓶。刮把其中一側是海綿，不必另外準備其他器具。只要拿噴霧瓶噴多一點水，先用海綿那一側擦拭，再換邊用刮刀的部分刮掉水即可。女兒覺得這樣很好玩，所以現在也加入了窗戶清掃的行列。 →mujikko-RIE

Brush

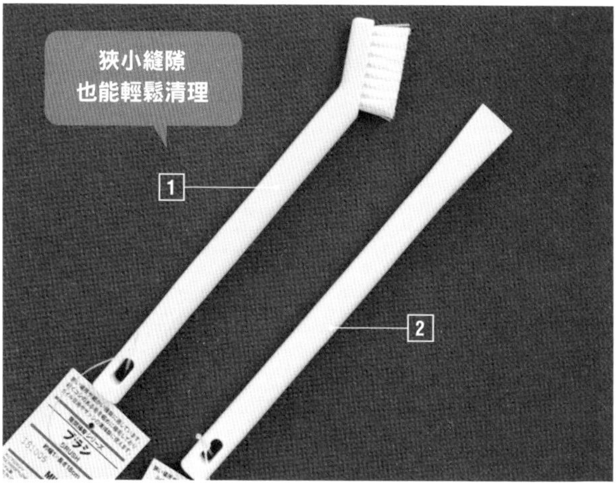

1
掃除系列／縫隙清潔
溝槽刷
約寬1×長18cm
價格：150日圓

2
掃除系列／縫隙清潔
刮刀
約寬1.5×長18cm
價格：150日圓

使用迷你刮刀和溝槽刷 縫隙角落也清潔溜溜。

水槽周圍和衛浴空間的一些縫隙，即使想清理乾淨也很難搆到。這種時候，無印良品的刮刀和溝槽刷就派上用場了。這兩樣工具能深入縫隙，幫我清潔邊邊角角。舉例來說，刮刀的前端是方形的，可以完全貼合角落，三兩下就能清出污垢。而且刮刀握柄很長，用起來非常方便，在我們家的廚房相當管用。溝槽刷也能在水槽周圍和衛浴空間大顯身手，連比牙刷還細的縫隙都能輕易清理。更棒的是，這兩樣工具都很便宜。 →mujikko-RIE

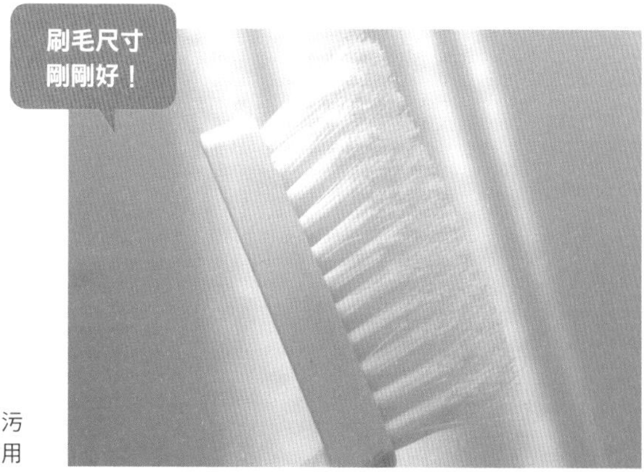

一支縫隙清潔刷 就能輕鬆搞定 浴室地板 和運動鞋！

清潔浴室時，當然希望能確實清除污垢，又不傷到地板和牆壁。我們家會用無印良品的縫隙清潔刷。刷毛柔軟程度剛好，刷子的造型也非常巧妙，能清除細小溝槽裡的污垢。 →Yukiko

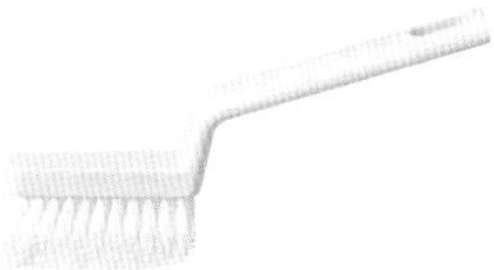

掃除系列／縫隙清潔刷
約寬3×深19×高9.5cm
價格：290日圓

用無印良品節省麻煩&迅速的洗衣服流程。

多花一點心思就能快速搞定大幅節省時間與工夫！生活從此更加游刃有餘。

Category | 洗衣服

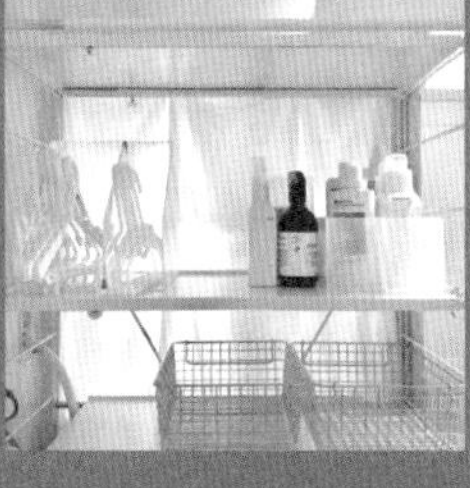

如果衣物乾得夠快室內晾衣也不是件壞事。

陰雨連綿的日子，無奈只能將衣服晾在室內。這種時候我會開循環扇促進空氣循環。雖然這座循環扇雖然體積小，但氣流循環效果非常好，再搭配空調，衣物很快就會乾了。而且循環扇也沒什麼噪音，安靜極了。

無印良品鋁角衣架的衣夾是PC材質，遠比一般塑膠材質的曬衣夾耐用，整體也非常結實。而且衣夾數量很多，非常實用，這也是我喜歡的原因。大部分人都很排斥在室內晾衣服，但只要用對工具，也能讓晾著衣服的房間舒適無比。

→mayuru.home

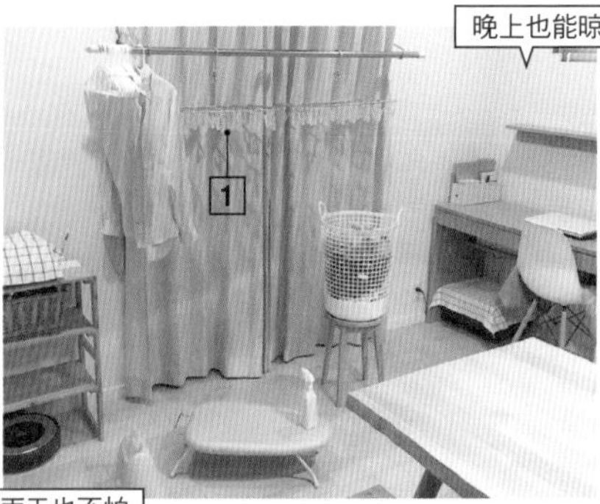

1
鋁角衣架／PC衣夾
中／40夾
價格：3690日圓
※照片為舊款商品

2
空氣循環風扇
型號：MJ-CIS18
價格：6990日圓
※照片為舊款商品

連同衣架直接收進衣櫥省去麻煩提高效率。

無印良品的鋁製衣架在收衣服以及晾衣服時都非常好用。這種衣架的形狀，可以避免衣服的肩膀部分凸出變形，也不會占用太多空間。尤其到了冬天，像是毛衣和外套這種厚重衣物比較多時，我總會使用這種衣架，以避免衣櫃空間被塞得太擠。

最令人高興的是，衣物晾乾後可以直接連同衣架收進衣櫥，節省了時間，也提高了做家事的效率。

→Ayumi

1
鋁製洗滌用衣架
3支組／
約寬42cm
價格：390日圓

這種特殊造型讓晾衣服更加輕鬆整齊！

洗衣晾衣也要講究美學。我想有些人可能會覺得很麻煩，但看到衣物掛得那麼整齊，總是教人心情愉快。使用無印良品的衣架，晾衣服時不必拉開領口也能輕鬆穿過T恤。而且塑膠材質輕巧耐用，真是感謝這樣的設計。→阪本Yuuko

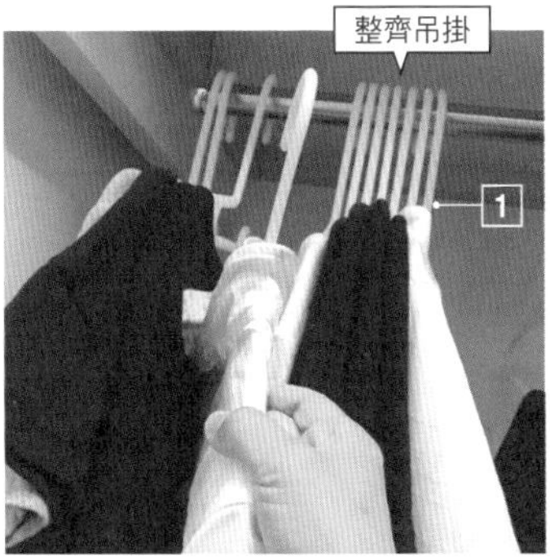

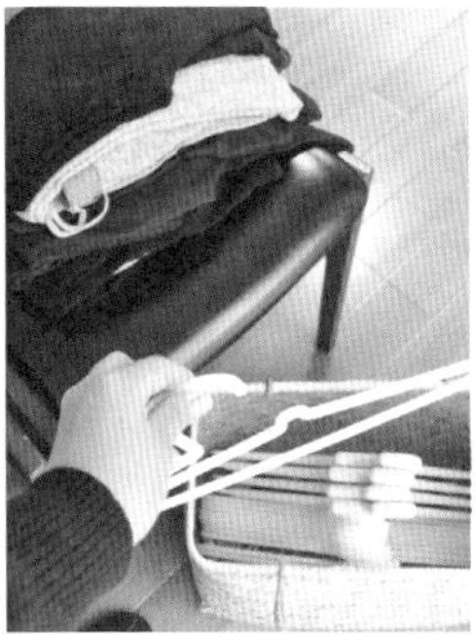

1
聚丙烯洗滌用衣架
3支組／約寬42cm
價格：390日圓
※照片為舊款商品

簡單掛起來避免衣物皺巴巴！

我收納衣物時會按穿用頻率區分，常穿的用無印良品的鋁製衣架掛起來，方便拿取。晾乾後可以直接收進衣櫥，這一點也很討喜。
→kumi

鋁製洗滌用衣架
3支組／約寬42cm
價格：390日圓

容易亂糟糟的衣架也能收納得井然有序！

衣架我會用檔案盒裝起來，裡面再放分隔板，這樣即使衣架少也不會東倒西歪。自從我採取這種收納方式後，衣架之間也不會勾在一起了。
→Kanon

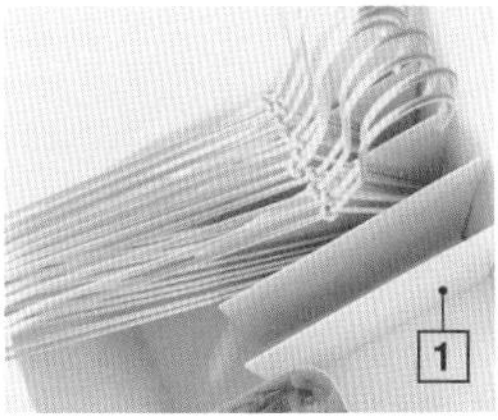

1
聚苯乙烯分隔板／白灰
3分隔／小
約21×13.5×16cm
價格：790日圓

Category｜洗衣服

占空間的洗衣用具分門別類收納提高晾衣效率。

洗衣服是每天都要處理的家事之一。衣架、曬衣夾、棉被夾等洗衣用具既零散又占空間，不容易整理，常常增加洗衣晾衣的麻煩。

所以我會用無印良品的化妝盒，收納各個種類的曬衣夾。無印良品的化妝盒有很多種尺寸，可以根據需求選擇。需要用到某個大小的曬衣夾時，可以快速拿取，省下東翻西找的麻煩。

此外，矩形曬衣架可輕鬆折疊，節省收納空間。而且夾子數量又多，晾衣服時真的幫了我大忙。

→pyokopyokop

充分利用空間

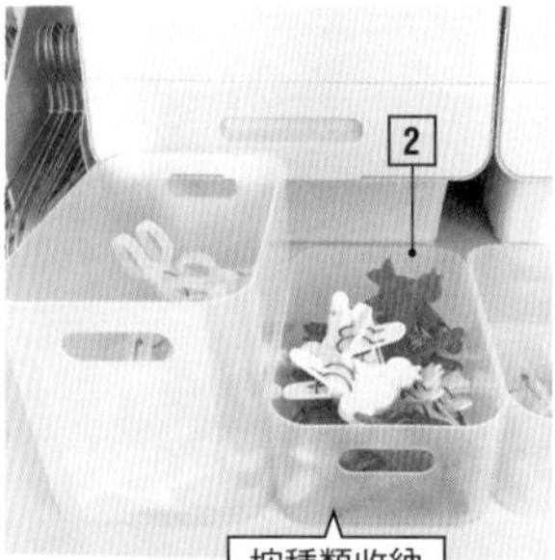

按種類收納

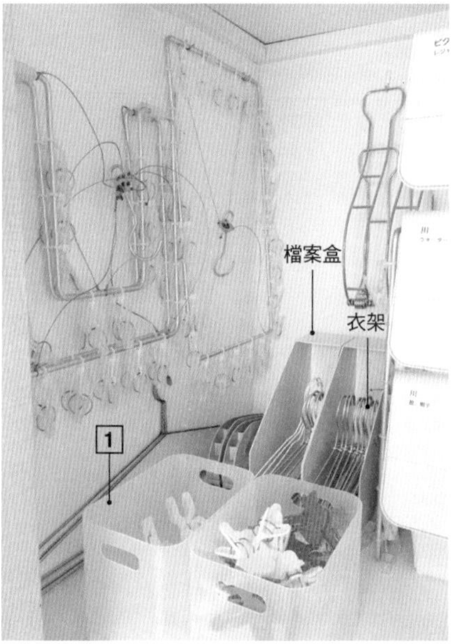

1

PP化妝盒
約15×22×16.9cm
價格：350日圓

2

PP化妝盒½
約15×22×8.6cm
價格：290日圓

「穿過領口」就OK！重視實用性的設計晾衣再也不麻煩。

其實我這個人很懶，偏偏晾衣服時又要小心翼翼地將衣服掛上衣架，晾乾後再從衣架上收下來……我不禁想，難道沒有更簡單的方法嗎？後來我發現了無印良品這款形狀特殊的衣架。

我們家有很多T恤和上衣，孩子的衣物也不少，所以每天要洗很多衣物。多虧有這種只需穿過領口就能將衣服掛起來的衣架，洗衣服輕鬆了許多。這款衣架很輕巧，衣服也不容易滑落，還能防止衣物變形。收進衣櫥時也非常整齊。雖然是塑膠材質，但非常扎實，相當耐用。順帶一提，我很喜歡這款塑膠衣架的溫暖質感。

↓阪本Yuuko

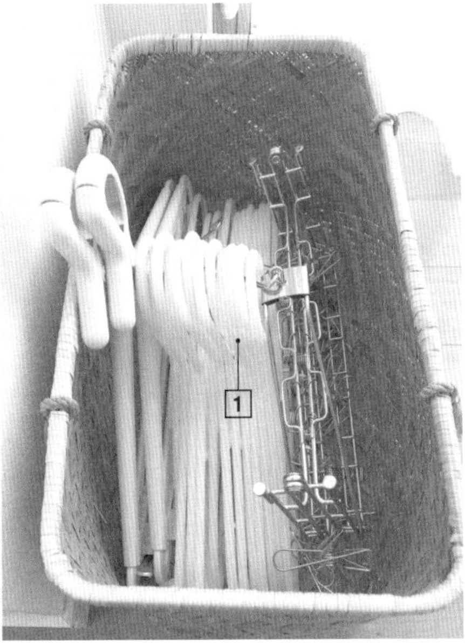

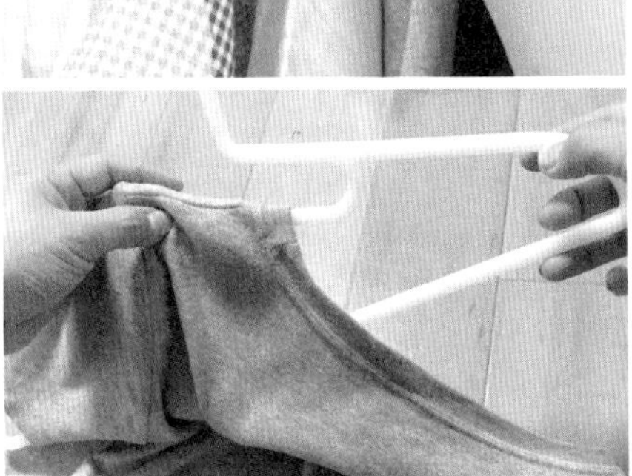

1

聚丙烯洗滌用衣架
3支組／約寬42cm
價格：390日圓
※照片為舊款商品

輕巧造型佳的簡約檔案盒讓洗衣空間放大一倍。

髮蠟、洗面乳、吹風機和丈夫的刮鬍用品等體積比較大的物品，經常散落在洗衣間各處，但我希望能夠維持這空間的清新整潔。

我發現，相同尺寸的無印良品化妝盒可以堆疊使用，方便收納且不占空間。化妝盒有兩種不同高度的款式，方便區分收納物品的用途。洗衣間變寬敞後，晾衣服也方便多了。

我也不是隨意地堆疊化妝盒，而是將使用頻率較低的物品放在下層，每天要用的物品則直接收納，不堆疊。此外，我將比較矮的盒子放在玄關，用來裝簽收包裹用的印章和拆包裹用的剪刀。

→ayakoteramoto

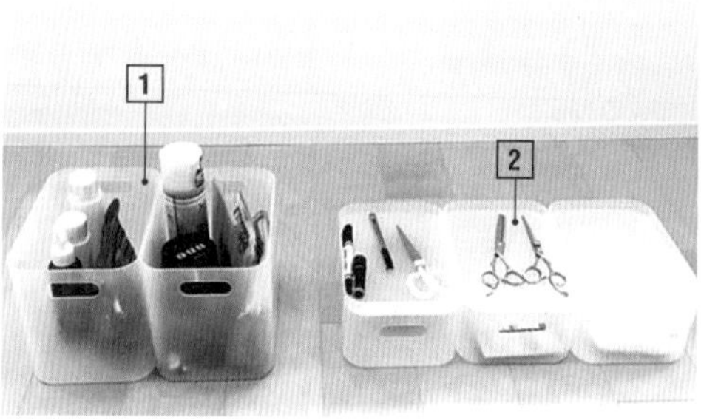

1

PP化妝盒
約15×22×16.9cm
價格：350日圓

2

PP化妝盒½
約15×22×8.6cm
價格：290日圓

更衣間的內衣褲收納盒色調配合白色地板空間更具整體感。

半透明的衣裝盒用來收納內衣和洗臉用品，耐壓收納箱則是用來存放洗髮精和洗衣精等物品。

「PP衣裝盒／橫式」不會妨礙更衣間的動線，洗好的衣物可以直接丟進去，非常簡便。橫式的衣裝盒，縱深剛好適合收納內衣褲。耐壓收納箱的尺寸則是特大，從外面看不出內容物，收納什麼東西都不必在意，非常實用。而且這裡地板是白色的，使用無印良品的產品還可以營造整體感，形成以白色為基調的簡約清爽空間。

→Kamome

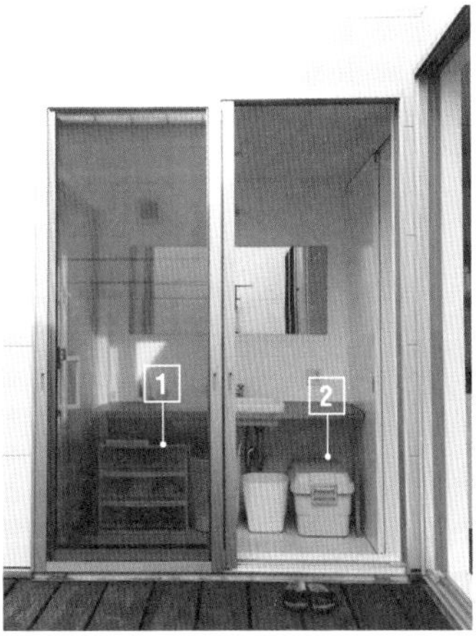

1 PP衣裝盒／橫式／小
約寬55×深44.5×高18cm
價格：1990日圓

2 耐壓收納箱／特大
約寬78×深39×高37cm
價格：3490日圓

簡約的設計讓洗衣間變得更潔淨。

既然更衣間的色調都統一為白色了，我想隔壁洗衣間的色調也要配合一下，於是買了無印良品的白色毛巾。毛巾有很多種尺寸，如手巾、面用巾、浴巾，可以整套買齊。

這些毛巾質地柔軟，即使洗了好幾遍依然柔軟舒適，給孩子使用也安心。

鋁製洗滌用衣架的收納場所就在洗衣間，尺寸有大、小兩種，小的剛好適合掛孩子的衣物。我最滿意的是，當衣架一起收起來的時候整齊劃一，看起來很漂亮。

→Kamome

1
鋁製洗滌用衣架
3支組／約寬33cm
價格：350日圓

衣物和備用品的最強收納用品莫過於椰纖編籃。

我們家有三個男孩子，要洗的衣服相當可觀，因此衣物洗好後不會摺起來，而是直接掛在衣架上收納，這樣孩子們也能自行整理。

我們家的洗衣間規則非常單純，要洗的衣物脫下來後直接放入網袋，不需要立即清洗的睡衣或其他衣物，則放進無印良品的椰纖編方形籃；不用洗衣籃也是尾崎家的做法。每個人的衣櫃都有放一個籃子，用來暫時放置換下來的衣物。當然，洗髮精等盥洗用品的備用品也放在這裡，並且規定東西數量不能超過籃子的容量。

↓尾崎友吏子

椰纖編方形籃／中
寬約35×深37×高16cm
價格：1990日圓

保持潔淨觀感。善用空間深度收納起來更整潔。

盥洗室是洗手、上廁所，家裡有客人來時都會用到的地方，因此我特別注意這裡的整潔。毛巾、丈夫的刮鬍刀、我的生理用品絕對不容許暴露在外。我會準備深度足夠的籃子，將物品一股腦地扔進去。

其中我最喜歡的是藤編籃，既可以暫時放置衣物，朋友來過夜時，還可以當作類似澡堂的脫衣籃使用，既方便又有趣。防橫搖型的掛鉤可以用來掛吸塵器，最近我也拿來掛需要風乾的洗衣用品。這種掛鉤在每個房間都很實用。

→Ayumi

看起來乾淨整齊

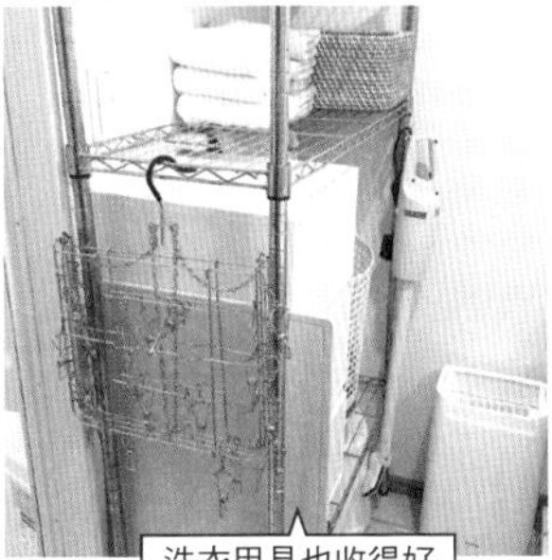

洗衣用具也收得好

1

可堆疊藤編／長方形籃／中
約寬36×深26×高16cm
價格：2290日圓

2

不鏽鋼絲夾／
掛鉤式／4入
約寬2×深5.5×
高9.5cm
價格：490日圓

3

掛鉤／防橫搖型／小／3入
約直徑1×2.5cm
價格：490日圓

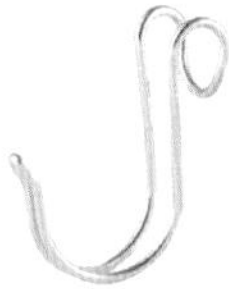

狹小的洗衣間只放必要的東西並整齊地收納。

無印良品的組合層架簡直方便得不得了。由於洗衣間通常很窄，收納東西總是不太方便，而且橫向空間有限，只能好好利用高度，所以我才買了這款層架。層板的位置可以自由調整，組裝也非常簡單。

抽屜櫃裡面的「可調整高度的不織布分隔袋」，就像它名稱表示的，可以藉由翻摺邊緣調整高度，因此適合放入各式各樣的收納盒。衣物和內衣褲收下來後，有分隔袋也比較容易收納。

正因為空間有限，我才想盡可能減少浪費，創造動線流暢的空間。

→mayuru.home

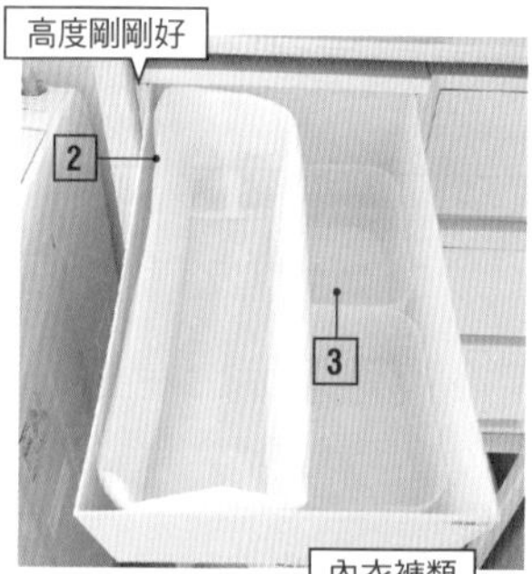

1

松木組合層架
58cm寬／大
寬58×深39.5×
高175.5cm
價格：1萬5900日圓

2

可調整高度的不織布分隔袋／
小／2入
約寬11×深32.5×高21cm
價格：690日圓

3

PP化妝盒¼橫型
約寬15×深11×高4.5cm
價格：190日圓

放置即完成的收納機制。洗衣用品和衣物收納好簡單。

由於客廳的收納空間很小，所以我們家的洗衣用品都放在洗衣間。占空間的衣架收在檔案盒裡，方便與曬衣桿一起取用，這麼一來也大大加快了洗衣流程。此外，無印良品的抽屜式收納盒（尺寸小巧，不會占用多餘空間）、軟質收納箱，用起來比看起來扎實得多，我喜歡用來收洗好的衣物。洗完澡後要用的毛巾直接放在架子上，收拾起來也很簡單。我也在各個收納盒外貼上標籤，清楚標示裡面收納的物品，這樣孩子也知道什麼東西自己該放哪裡。很多抽屜式收納也是一種樂趣。

→kumi

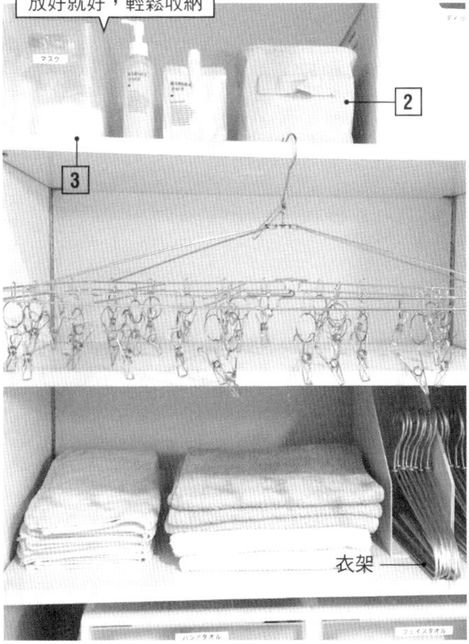

1

PP收納盒／小
約寬34×深44.5×高18cm
價格：1490日圓

2

聚酯纖維麻收納箱
長方形／小／半
約寬18.5×深26×高16cm
價格：590日圓

3

PP化妝盒
約寬15×深22×高16.9cm
價格：350日圓

每天「稍微掃一下」。順手打掃就能維持環境整潔。

我們家的更衣間同時也是洗衣間，因此容易積灰塵，但我總是希望保持環境整潔。

小號的衣架正好適合掛孩子的衣物，因此我經常用來晾洗完的衣物。衣物洗好、晾乾後要立即收入抽屜。這個房間收著內衣褲、襪子等容易弄丟的小東西；我盡量不將東西放在地上，藉此騰出更多空間。

正因為每天都要洗衣服，我才更希望維持環境整潔。不過平時只要多「順手打掃」、「稍微掃一下」，自然能維持空間整潔，事情做起來也更方便。在乾淨的空間裡洗衣服，不只能將衣服洗乾淨，感覺心靈也可以得到洗滌。

→mayuru.home

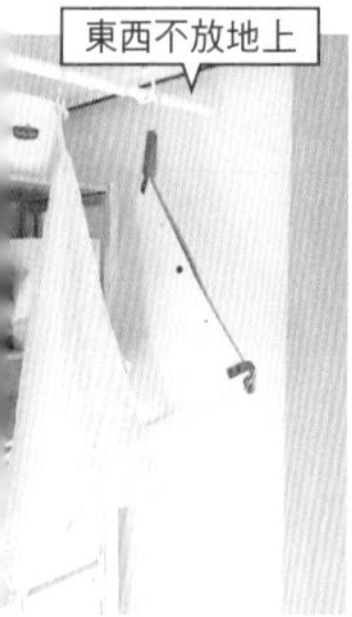

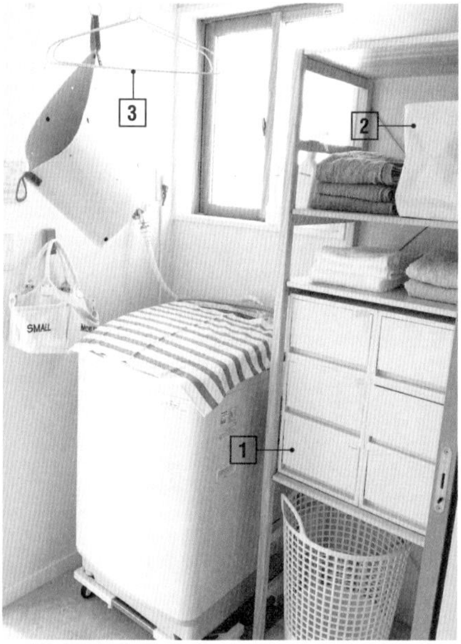

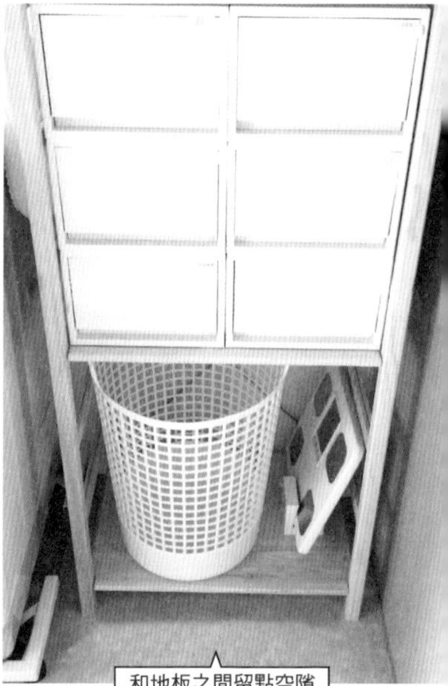

1

PP盒／深型（正反疊）／白灰
約寬26×深37×高17.5cm
價格：1490日圓

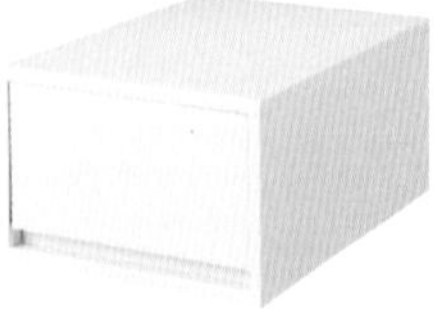

2

聚酯纖維麻收納箱
長方形／中
約寬37×深26×高26cm
價格：890日圓

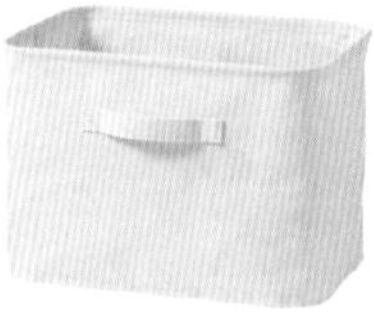

3

鋁製洗滌用衣架
3支組／約寬42cm
價格：390日圓

需要小心保管的嬰兒用品應細心洗滌後收進乾淨的盒子。

嬰兒用品就收在嬰兒床底下，並使用無印良品的化妝盒裝洗乾淨的紗布手帕。既然紗布都洗乾淨了，也應該存放在乾淨的地方。

→Ayumi

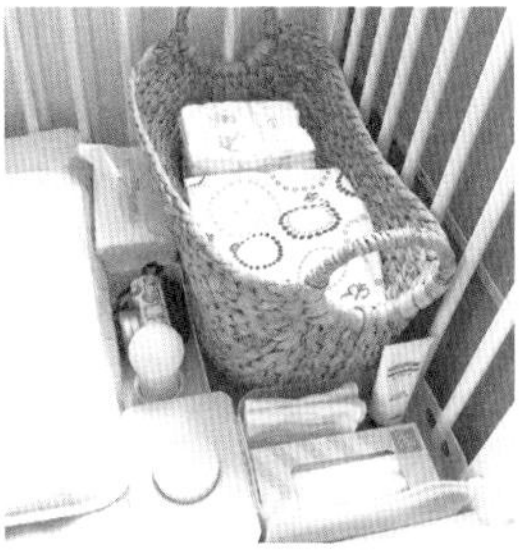

PP化妝盒½
約寬15×深22×高8.6cm
價格：290日圓

什麼地方都能掛！確保盥洗室的收納空間。

無印良品的橡木掛鉤容易安裝，我會裝在更衣間這類狹窄的地方，用來掛個袋子放洗衣精之類的小東西。使用洗衣機時也可以迅速拿取洗衣精，相當方便。

→mayuru.home

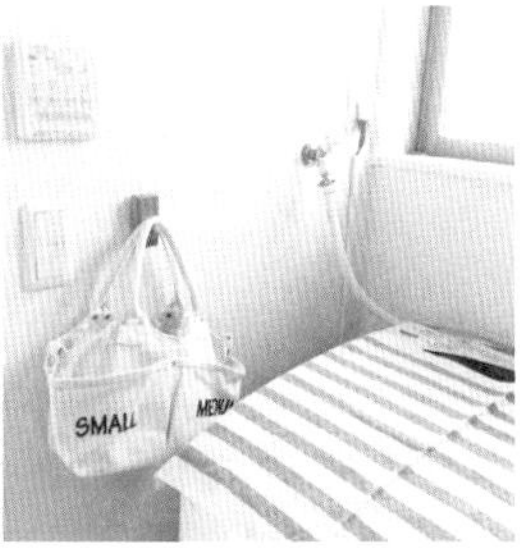

壁掛家具／掛鉤／橡木
寬4×深6×高8cm
價格：990日圓

利用縱深足夠的收納盒浴室乾燥範圍更寬闊。

盥洗室空間真的不大，我會利用縱深十足的盒子收納容易亂放的化妝品。我們家也會開浴室乾燥功能烘衣服，所以我還是希望在寬敞一點的空間洗衣服。

→Ayumi

1 聚丙烯檔案盒／標準型
½／白灰
約寬10×深32×高12cm
價格：390日圓

整齊劃一的衣架讓洗衣服更有樂趣。

晾衣物還有收拾衣架時，光是看到整齊劃一的衣架就令人愉快。這款衣架有個很棒的設計，就是衣服晾乾後，肩膀部分也不會被撐出形狀。

→Kamome

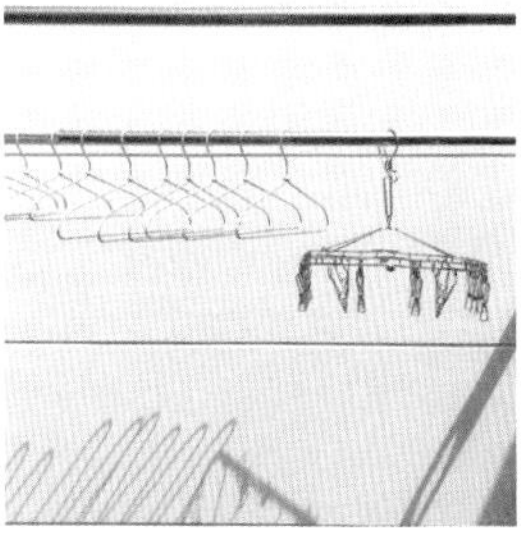

鋁製洗滌用衣架
3支組／約寬33cm
價格：350日圓

輕鬆且整齊地收納林林總總的洗衣用品。

洗衣間的曬衣夾和衣架等各類物品容易愈堆愈多。我一直很想將這些東西整理得乾乾淨淨，而不鏽鋼收納籃完美解決了我的煩惱！

體積較大的清潔劑收在檔案盒，方便取用又不凌亂。毛巾類則裝在較淺的籃子，放在架子的第二層。我準備了兩個籃子，分別用來收納面用巾和浴巾。這些都是每天用的東西，所以我盡可能簡化收拾過程。這樣不僅觀感整潔，盥洗室的空間也顯得更寬敞。而且籃子是不鏽鋼材質，相當牢固也不易生鏽，在潮濕的環境下也能安心使用！

→ta__kurashi

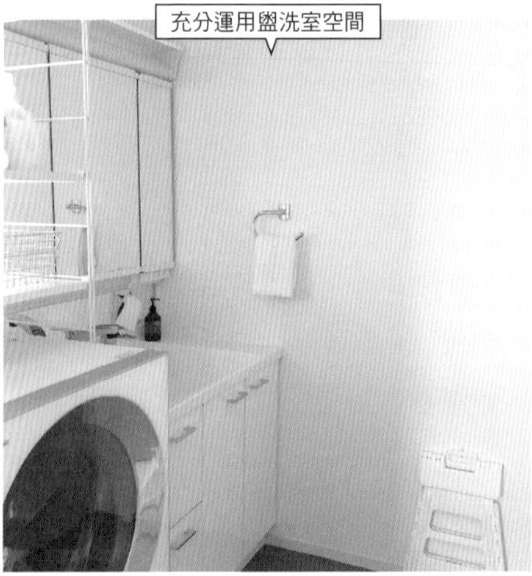

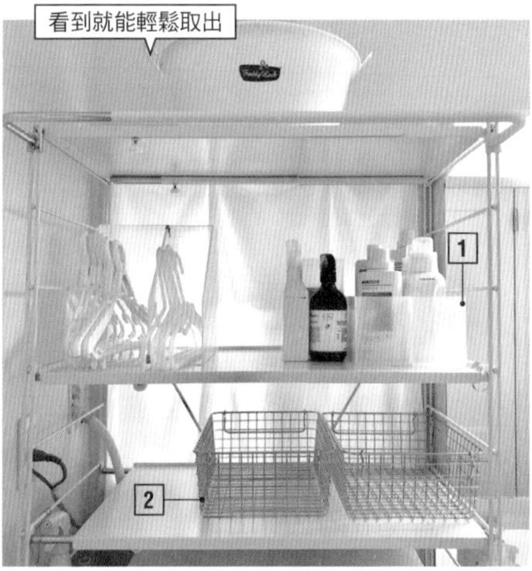

1

聚丙烯檔案盒／標準型／½
約寬10×深32×高12cm
價格：390日圓

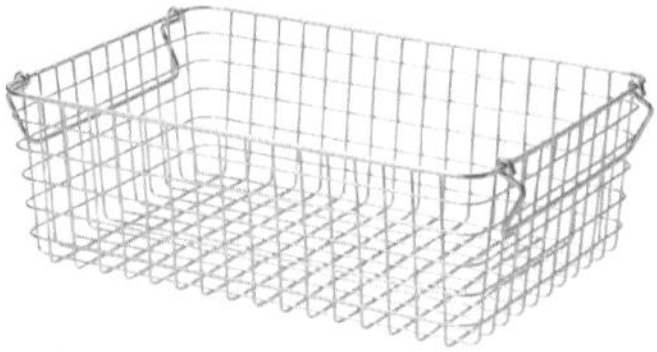

2

不鏽鋼收納籃3
約寬37×深26×高12cm
價格：1790日圓

篩選放置的物品！
重新檢視「一直在的東西」打造整潔的盥洗室。

我的生活原則是「不需要的東西就不要放家裡」、「不做無謂的家事」，家中各處都充分利用了無印良品的產品，這次我要介紹盥洗室的部分。

首先，很多人對我們家的更衣間沒有洗衣籃感到驚訝。這是故意的，我們家只需要將髒衣物丟進洗衣袋即可。此外，洗手台底下藏了一個藤編籃，用來暫時放置換下來的睡衣。這樣做的好處是，從後方的浴室出來就能直接換衣服，而且我喜歡籃子不透明的材質，看起來十分清新。

→Maki

1
聚酯纖維緩衝
網眼布洗衣袋／球型
約28.5×20×20cm
價格：390日圓
※主照片為舊款商品

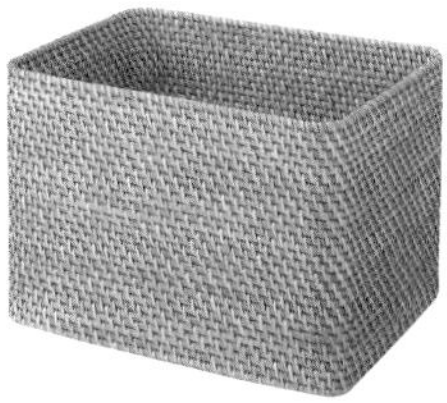

2
可堆疊藤編／長方形籃／大
約寬36×深26×高24cm
價格：2990日圓

整理收納顧問「cozy-nest小巧過生活」

尾崎友吏子女士
不費工夫的洗衣訣竅。

尾崎女士習慣
在客廳燙衣服。
用品低調收納於角落

尾崎女士習慣在客廳燙衣服。為方便拿取熨斗，她將熨斗和圍棋棋墩、DVD、遊戲片等客廳會用的物品放在一起，用可堆疊藤編籃系列商品收納。

「輕鬆洗衣服的秘訣，就是「一次洗完所有衣物」。這麼一來就能最小化處理過程和時間。也建議精心規劃動線，讓全家人都能「順手準備」。」

尾崎女士是三個孩子的母親，夫婦倆都有工作在身，一般來說，生活應該十分忙碌，她卻能過得輕鬆愜意享受每一天。

尾崎女士說家裡人多，兒子大了之後，龐大的洗衣量曾經也讓她傷透腦筋。她分享了自己是如何在這種情況下減輕洗衣服的負擔。

第一個重點是，衣服要「一次洗完」。在洗衣機前掛上洗衣袋，要求全家人自行分類要洗的衣物。尾崎家不用洗衣籃，需要吊起來晾的衣物，直接丟進洗衣機。至於毛巾等白色的東西，還有襪子、內褲等深色衣物，主要用無印良品的洗衣袋區分裝好，再整袋丟進洗衣機洗、整袋拿到陽台的烘衣機裡烘乾。尾崎女士說：「光是減少伸手進洗衣機或籃子的次數，洗衣服的過程就出奇地流暢。」

再來，尾崎家也聰明地省略了最麻煩的「摺衣服」環節。洗好的衣物直接用衣架吊起來晾，乾了直接掛回全家人共用的衣櫥。這樣也不怕衣服弄皺，而且刻意「不摺衣服」也能大幅減少要做的事情，縮短處理時間。她說：「我們家的衣架，基本上統一使用無印良品的鋁製衣架，全部大概有一百支。家裡總共五個人，一個人差不多用二十支，而且洗衣服跟收納時都會用到，所以我覺得這個數量對我們家來說剛好。」

Profile

1970年生於神奈川縣。現居於大阪。主婦資歷20年，育兒資歷18年。工作的同時也扶養3個孩子長大。於部落格「cozy-nest小巧過生活」介紹減物提高家事效率的方法。著作包含《沒時間才更要學的理家術》、《沒時間才更要學的理家術（暫譯）》等。

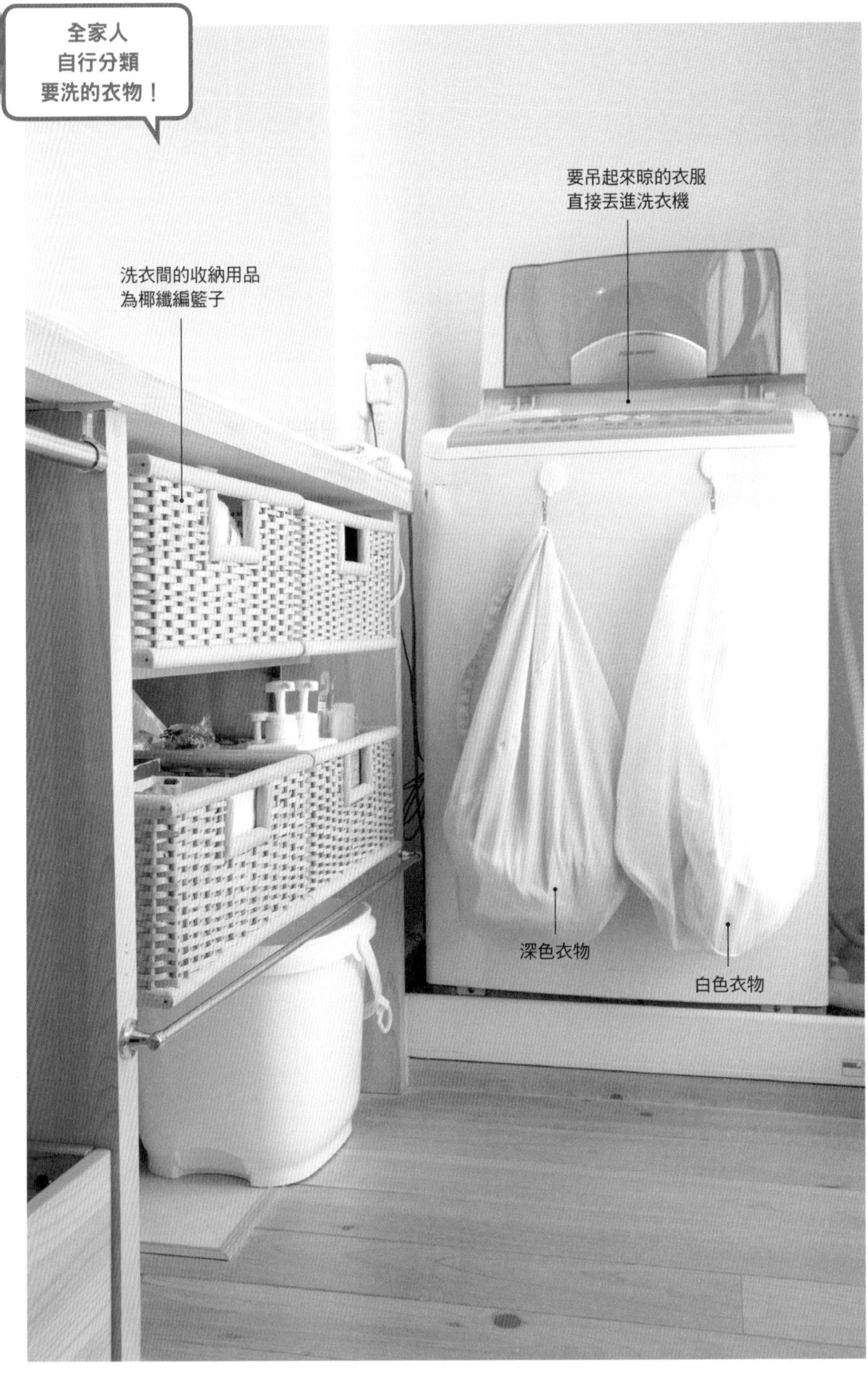
全家人
自行分類
要洗的衣物！
要吊起來晾的衣服
直接丟進洗衣機
洗衣間的收納用品
為椰纖編籃子
深色衣物
白色衣物

「讓洗衣服麻煩減半的小撇步
就是自行分類要洗的衣物，並連同洗衣袋一起洗。
用衣架吊起衣物晾曬，乾了之後連同衣架一起收。」

直接吊掛收納
哪隻手伸進洗衣機
就用哪隻手掛衣服！

省去洗衣服時最麻煩的「摺、收」兩步驟，衣服乾了就直接連衣架一起收進衣櫥。

尾崎女士愛用的無印良品

1 無印良品的鋁製衣架相當纖細，掛上衣服也不會壓縮衣櫥空間。由於晾衣服時要將濕衣服全部吊起來後再一起拿去晾，所以衣架輕一點也比較好。

2 網眼布洗衣袋是尾崎家再三回購的用品，尾崎女士讚不絕口：「比其他廉價洗衣袋耐用多了，直接吊著看起來也很漂亮。」

2

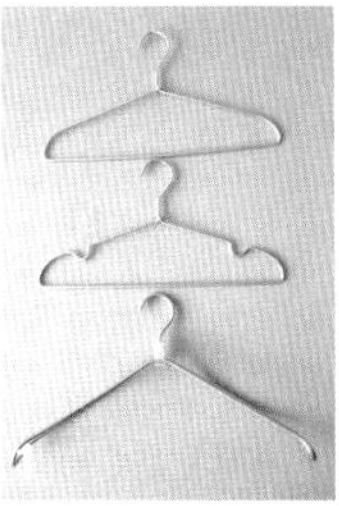

尾崎家洗衣服時不可或缺的工具，就是無印良品的鋁製衣架和網眼布洗衣袋。尾崎女士說她格外喜歡這兩樣商品，也回購了不少次：「在我們家，無論收納衣物或晾衣服都是用這款鋁製衣架。鋁比塑膠還不怕外頭天氣的影響，晾衣服時就算風吹雨打，曝露在紫外線下也不容易變質。」除此之外，因為尾崎女士會將濕衣服全部吊好後再一起拿去晾衣處，所以鋁製衣架的輕巧性也令她相當滿意。

而為了減少洗衣服時的麻煩，洗衣袋也派上了很大的用場。吊在洗衣機前面的無印良品洗衣袋，對尾崎女士來說「大小剛剛好」，多年來都沒換過其他款式。她說：「其實只要是洗衣袋都可以，便宜貨也能發揮很大的功用。不過我們家要洗的衣服這麼多，用了好幾年下來，我也深刻體會到『耐用度』真的有差。而且我也很喜歡它簡單的外觀。」所以她總是再三回購無印良品的洗衣袋。

尾崎女士在兒子小時候會事先準備好一套「換穿衣物」，並將衣物放入椰纖編籃。

從上到下依序擺好孩子要換穿的衣物

先穿衛生衣，再穿上衣、褲子……按照穿衣順序擺好，孩子也會養成自行管理衣物的意識。這也是一種生活小智慧。

節省洗衣服麻煩的關鍵，在於建立一套「盡量讓全家人自行管理衣物」的方法。尾崎家規定每個人都必須自己分類要洗的衣服，並自行管理洗好的衣服。

尾崎女士說：「孩子還小的時候，我會準備一個箱子放換穿衣物，讓他們學會自己換衣服。」衣服乾了，就連同衣架拿到衣櫥裡的暫時放置處，剩下的就交給每個人自己將衣服拿去收好。晾衣服的時候已經將同一個人的衣物掛在一起了，所以收下來後也不需要另外區分。

「襪子、內衣褲、手帕這些事先分類好的衣物，也是每個人自己收拾。內衣褲和襪子不用摺，隨手扔進收納處就好。收拾方式盡量從簡，即使粗枝大葉也沒關係。

還有一點很重要，就是收下來的衣服不要堆在客廳等居室。設置一個空間專門放收下來的衣服，就能避免客廳成為乾淨衣物的中繼站。」

先生的衣服
這個空間掛
收下來的衣服

收下來的衣物基本上會用「鋁製衣架／3支組／寬42cm」（390日圓）掛起來，
也會善用「可堆疊椰纖編長方形籃／中」（1590日圓）充當儲物箱。

衣服洗好晾好，各自收回衣櫃。事先規定好每樣東西的收納方式，穿衣服、洗衣服都能順利搞定。

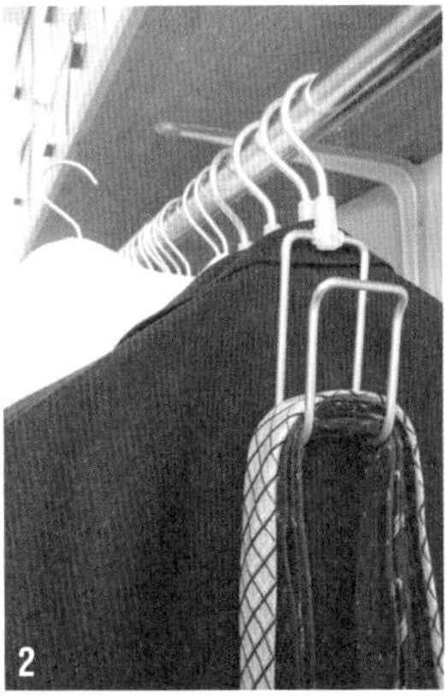
2

按照燙衣服的順序
整理先生的衣物
內衣
燙好的襯衫
1

1 先生上班時需要穿內衣和燙好的襯衫。只要從內衣和襯衫兩種衣服的分界同時拿左右兩件衣服，就能一次取出完整的一套服裝。
2 領帶的收納用品為「鋁製領帶架」（290日圓）。這樣一眼就能看出花紋，方便早上出門前挑選，節省準備時間。

用無印良品打造舒適自在的廚房。

每天都會使用的廚房，絕對少不了與自己心心相印的收納方式。一起打造高效率的料理空間吧。

Category | 廚房收納

從視覺美感出發。保持整潔也不能忘了「樂趣」。

儲藏室裡放著餐具和調味料。抽屜式PP盒主要用來收納餐具，並儘量使用相同的款式營造統一感，看起來更美觀。而且這種抽屜式收納盒多放幾個也不礙事，不僅收納上相當實用，收拾清洗好的餐具時也更有樂趣。

耐壓收納箱裡面放了瓦斯爐、啤酒，還有乾貨與其他調味料，根據存放的物品選擇合適的大小也很重要。

垃圾桶只有十九公分寬，尺寸非常小巧，所以我準備了一排方便分類垃圾。這款垃圾桶擺起來很整齊，用起來也很方便。

→Kamome

1

PP盒／深型（正反疊）／白灰
約寬26×深37×高17.5cm
價格：1490日圓

2

耐壓收納箱／大
約寬60×深39×高37cm
價格：2490日圓

3

PP上蓋可選式垃圾桶
大／30L袋用
約寬19×深41×
高54cm
價格：1790日圓

聚丙烯收納用品是廚房收納的可靠幫手。

在經歷過亞洲風、世紀中期現代主義等不同的室內裝潢風格後，我現在非常喜歡適合搭配任何裝潢風格的無印良品產品。

特別是壓克力和聚丙烯材質的收納用品，不僅設計簡潔，方便隨時添購的這一點也令人安心；而且放在任何場所都相當實用。例如廚房的櫥櫃，各種收納盒都特別好用，可以看清楚內容物，什麼東西放在哪裡都很直觀。

此外，這類材質的用品還有一個優點：容易清潔維護。只需要輕輕擦拭或整個拿去洗，就能保持廚房收納空間的整潔。

→mujikko-RIE

1

壓克力
小物收納盒／3層
約寬8.7×深17×高25.2cm
價格：2290日圓

2

PP資料盒／橫式
薄型／2格
約寬37×深26×高9cm
價格：1490日圓

喜愛物品塞滿滿的廚房收納。

整間房子裡我最喜歡這幅景象。雖然我沒有特別想過擺飾，但我現在才發現……這裡的整體色調只有木質調、不鏽鋼、黑色和白色。

廚房的收納部分，我是用白灰色的收納盒放置調味料。這些盒子很輕巧，能輕鬆取出，非常方便使用。IH爐下方的SUS層架則安裝了專用的鋼絲籃收納物品。第一層放廚房用具，第二層放乾貨等常用的物品，方便快速取用。

我特別喜歡不鏽鋼製品，因為不容易生鏽，非常適合放在廚房使用。右側的架子也使用了無印良品四十六公分高的SUS自由組合層架系列產品。

→Kamome

1 SUS追加網籃
亮面淺灰／56
寬56cm用
價格：3990日圓×2

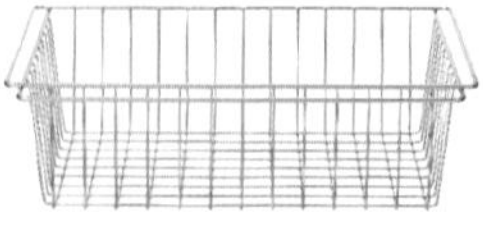

2 SUS追加棚25CM
鋼製／56
寬56cm用
價格：4490日圓×3

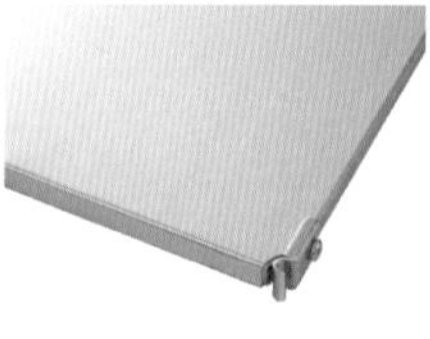

3 SUS追加用側片
鋼製／迷你
高46cm用
價格：3790日圓×2

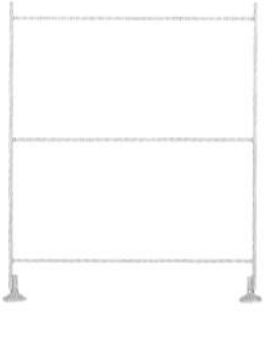

水槽底下利用檔案盒劃分收納空間。

水槽下的收納空間，通常放了許多形狀、尺寸各異的廚房用具，很難整理。

在這種情況下，無印良品的檔案盒成了劃分空間的利器。檔案盒的尺寸分成寬款和普通版，較大的篩子可以放在寬款檔案盒，較細長的盆子或檸檬榨汁器則放在普通款檔案盒。至於那些檔案盒裝不下的東西，就直接放進櫥櫃，兩側用檔案盒夾起來，充當隔板。

底部較淺的抽屜，我會放入化妝盒，存放瓦斯罐、濾油紙、紙盤和吸管等小東西。這樣一來，東西就不會亂成一團，方便取用。

→pyokopyokop

水槽下方收納1

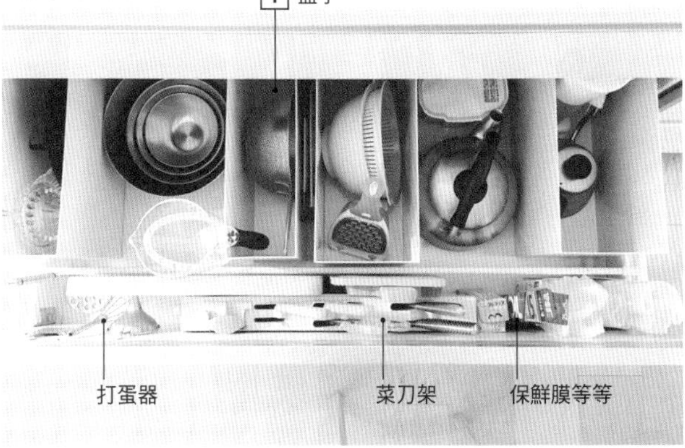

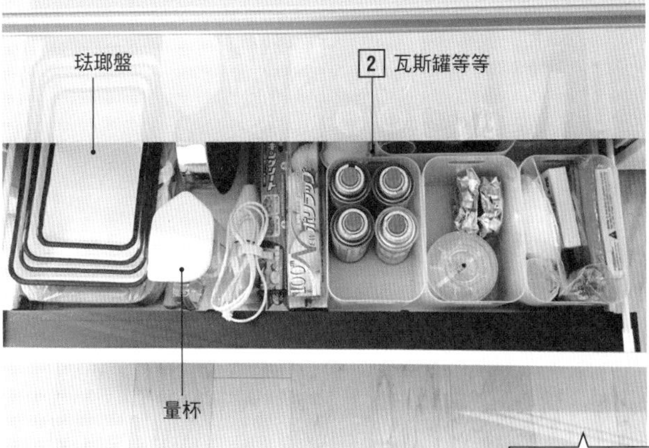

水槽下方收納2

1

聚丙烯檔案盒／標準型
A4用／白灰
約寬10×深32×高24cm
價格：590日圓

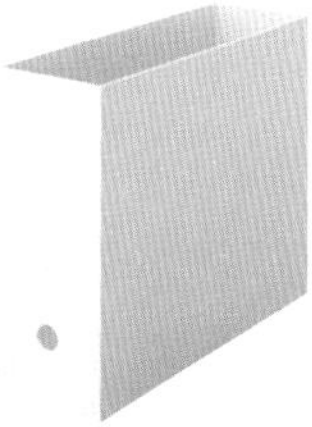

2

PP化妝盒½
約寬15×深22×高8.6cm
價格：290日圓

廚房採用開放式收納激發清潔動力。

右下方的不鏽鋼層架很重要。廚房下方擺了一個寬度一一二公分的架子，很有存在感，可以營造收納的整體感。採用開放式收納，也讓人更有動力頻繁清潔。此外，我用白灰色檔案盒裝廚房周邊的清潔用品和清潔劑。打掃用具方便取用，減少打掃的麻煩也很重要。

我們家裡我最喜歡的風景就是廚房。烤麵包機和燒烤微波爐都是單色調，架子上擺著造型簡約的餐具和小東西，最終形成木質調搭配黑白色的簡樸色調，讓我更有動力維持環境整潔。

→Kamome

1

SUS追加棚
鋼製
寬112cm用
價格：9990日圓

2

SUS追加用側片
鋼製／迷你
高46cm用
價格：3790日圓

3

聚丙烯檔案盒／標準型
寬／A4／白灰
約寬15×深32×高24cm
價格：790日圓

捨棄廚房的垃圾桶改用掛鉤掛垃圾袋省下清理的麻煩。

廚房的垃圾桶總是特別髒，冬天要清理時真的很討厭。

所以我果斷捨棄垃圾桶，改用無印良品的不鏽鋼門用掛鉤，直接將塑膠袋掛在水槽旁邊。順帶一提，左邊是放塑膠垃圾，右邊是放可燃垃圾。

其實我們家後門出去，不遠處就有一個套著市府垃圾袋的大型垃圾桶。所以這些塑膠袋裝滿後，直接拿去外面那個垃圾桶扔就行了。從此以後，我就從清理垃圾桶的煩惱解脫了。

↓阪本Yuuko

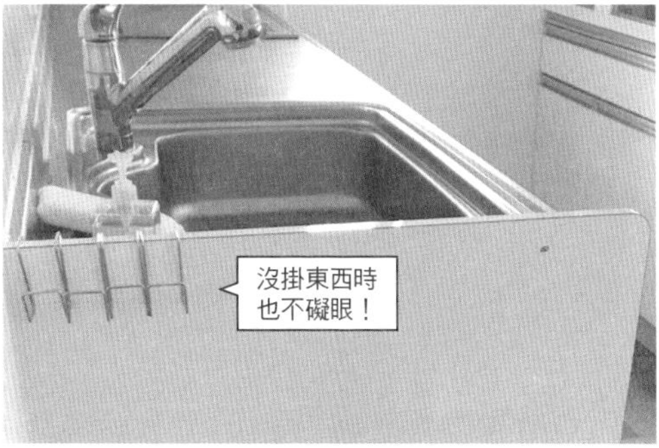

1

不鏽鋼掛鉤／門用

約寬3.5×深6×高6cm

價格：290日圓

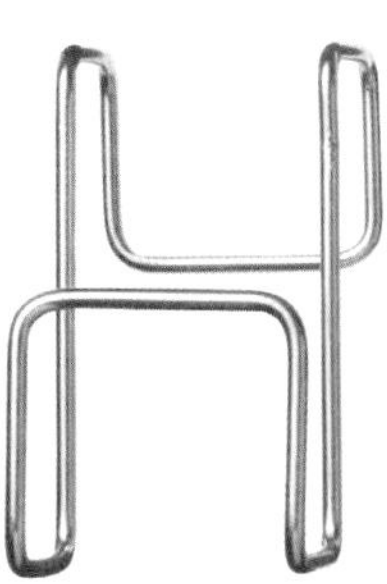

注重功能性的開放式收納物品各安其位。

　廚房和儲藏室的收納，我特別注重功能性和取用的方便性，會利用開放式層架和貼上標籤的收納盒，清楚區分每樣東西的收納位置。基本上，只有我會走進這些空間，所以最重要的是將一切整理得清楚明瞭，要找什麼都能馬上找到。這樣第一次踏進儲藏室的人也不會摸不著頭緒。

　收納的秘訣，是使用層架劃分空間，並替每一樣東西決定好位置。例如，消耗品的備用品集中收納於檔案盒，常吃的麵包或零食則放入方便拿取的椰纖編籃。餐具類使用壓克力隔板，以便於拿取底下的盤子。就像這樣，我會根據用途妥善管理各種東西。

↓U

1 易摺疊厚紙板檔案盒
5入／A4用
寬約10×深28×高32cm
價格：890日圓

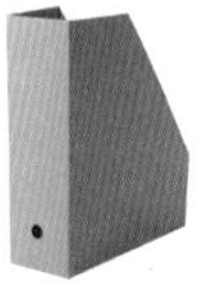

2 壓克力隔板
約寬26×深17.5×高10cm
價格：890日圓

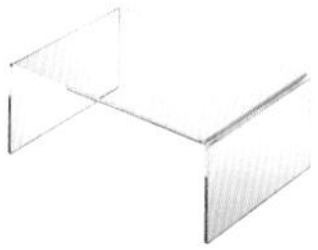

3 椰纖編方形籃／中
寬約35×深37×高16cm
價格：1990日圓

壁掛棚板擺上裝飾 增添廚房的樂趣。

廚房收納可以分成「開放、隱藏、裝飾」等不同手法。我將料理家電和食材放在層架上，空蕩蕩的牆面則安裝棚板，享受擺設的樂趣，增添了這座空間的色彩。每天在廚房做事之餘，還能欣賞自己喜歡的雜貨。

↓渡邊

壁掛家具／L型棚板／橡木／寬88cm
寬約88×深12×高10cm
價格：3990日圓

常用的工具放在托盤上 需要用時馬上拿。

廚房是我每天都會使用的地方，所以我特別重視能否「迅速完成」料理和清潔。即使東西直接擺在外面，我也規定自己一定要保持整潔。特別是常用的東西，我一併放在木製托盤上，這樣就能固定收納位置。非常推薦各位這個方法。

↓M

木製方形托盤
寬約27×深19×高2cm
價格：1490日圓

廚房用品裝入收納盒 避免產生雜亂感。

鋁箔紙和保鮮膜等廚房用品的包裝設計不一，容易顯得雜亂。如果換成外觀簡約的收納盒，外觀凌亂的雜貨也會瞬間不再干擾室內裝潢。

↓M

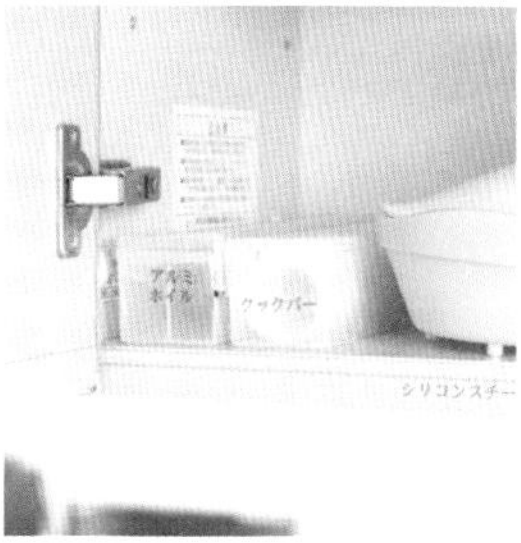

PP保鮮膜盒
小／約寬20～22cm用
價格：450日圓

橫式抽屜收納盒堆疊使用更便利！

我用淺型和薄型的橫式ＰＰ資料盒，收納常用的餐具和擦餐具的布，而且是顏色上非常匹配我們家白色餐具的白灰色款式。淺型和薄型的資料盒寬度相同，可以堆疊使用，這點我非常滿意。可以配合收納架的高度疊成兩層或三層，也可以按高度區分收納物品，稍微高一點的淺型資料盒用來收納餐巾，薄型資料盒則用來收納餐具。

→ta__kurashi

1 PP資料盒／橫式
淺型／白灰
約寬37×深26×高12cm
價格：1390日圓

2 PP資料盒／橫式
薄型／白灰
約寬37×深26×高9cm
價格：1290日圓

利用容易添購的隔板打造個人化收納空間！

鍋子、平底鍋疊在一起會很難取用，所以我會用好幾個鋼製隔板立起來放。這種隔板可以根據鍋具的大小和收納空間調整組合方式，非常實用。

→A

鋼製書架隔板／大
寬16×深15×高21cm
價格：490日圓

平底鍋可以用檔案盒立起來收納。

如果你家的水槽下有空間，但已經被其他東西占據，放不下平底鍋專用的架子，我建議試試看檔案盒。檔案盒雖然是文具用品，但也可以用來直立收納平底鍋和鍋蓋。

→K

聚丙烯立式
斜口檔案盒／A4
約寬10×深27.6×高31.8cm
價格：590日圓

選擇½尺寸的檔案盒取用調味料輕鬆寫意！

我用½尺寸的標準型檔案盒整理IH爐下滑軌式收納空間的醬油、味醂等液體調味料，有效解決了收納液體調味料時容易不慎翻倒、滲漏，而弄髒收納空間的問題。

而且½尺寸的檔案盒相當小巧，可以將調味料排得整整齊齊，拿取時更輕鬆！盒子髒了也可以整個拿去洗，保持乾淨的狀態。

→Akane

用來收納調味料
剛剛好！

聚丙烯檔案盒／標準型
½／白灰
約寬10×深32×高12cm
價格：390日圓

優秀的軟質收納盒絕不刮傷珍貴的餐具。

我們家廚房，會充分利用軟質聚乙烯收納盒放置飯碗與各種餐具。收納盒的柔軟材質可以避免刮傷珍貴的飯碗和湯碗，髒了也可以整個拿去沖洗，保持衛生。

飯碗和湯碗集中收在收納盒裡，就不必擔心堆在架子上可能翻倒，還能節省空間。此外，收納盒的兩側都有開口，可以雙手提起，吃飯前整盒端上桌，大大縮短了準備時間。

→emiyuto

準備開飯時
整盒端上桌

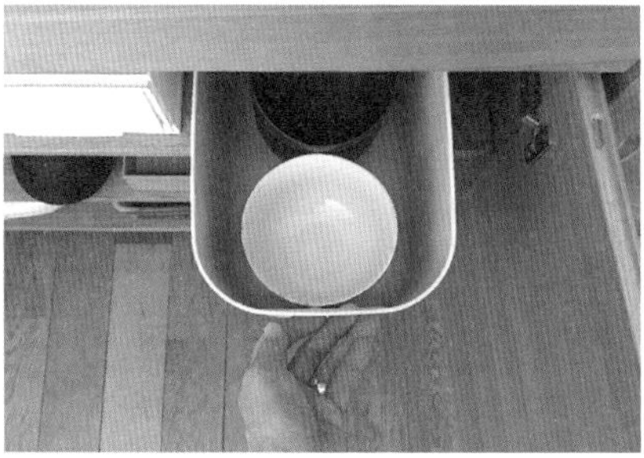

軟質聚乙烯收納盒／半／中
約寬18×深25.5×高16cm
價格：590日圓

三種收納用品打造簡約的廚房收納。

廚房水槽下的收納空間，用了三種無印良品的收納用品：「檔案盒」、「整理盒4」、「廚房道具架」。統一使用無印良品的產品，即使後續需要添購用品，也能輕鬆維持設計風格一致。而且這些東西的使用場所不拘，我可以安心使用。

每項收納用品的用途如下：檔案盒用來放鍋蓋，整理盒用來放菜刀、剪刀、筷架、開罐器等等，廚房道具架則用來放夾子和其他廚房用具。廚房道具是白瓷材質，相當沉穩，多放一些東西也不容易倒。真正的瓷器真不錯。

→ayakoteramoto

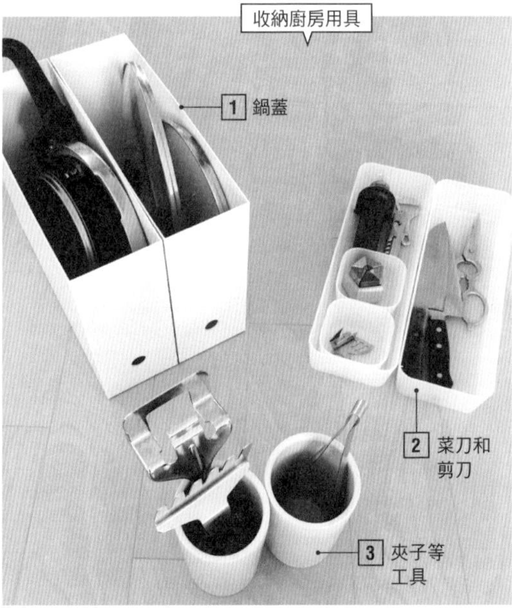

1

聚丙烯檔案盒／標準型／A4用／白灰
約寬10×深32×高24cm
價格：590日圓

2

PP整理盒4
約寬11.5×深34×高5cm
價格：220日圓

3

米白瓷廚房道具架／8S
約直徑9×高16cm
價格：990日圓

拉開抽屜就能馬上取用 精心規劃的廚房用品收納。

我使用無印良品SUS自由組合層架系列的抽屜來收納廚房用品。也會搭配使用半透明的化妝盒和一些百圓商店的商品，以便分辨內容物，這樣拉開抽屜時便一目瞭然。我的目標是規劃出一套拿東西、收東西都方便的收納方式。

至於有一點高度的東西，用化妝盒裝比較好拿。另外，較大的東西則放在金屬托盤上，比較方便拿取。

→Kamome

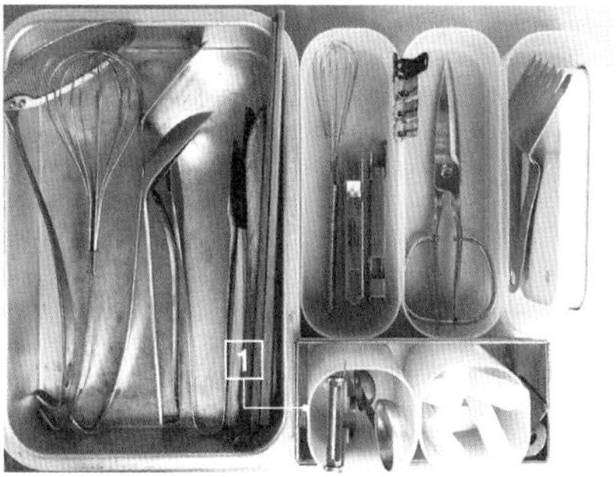

1
PP化妝盒／
刷具、化妝筆筒
約寬7.1×深7.1×
高10.3cm
價格：150日圓

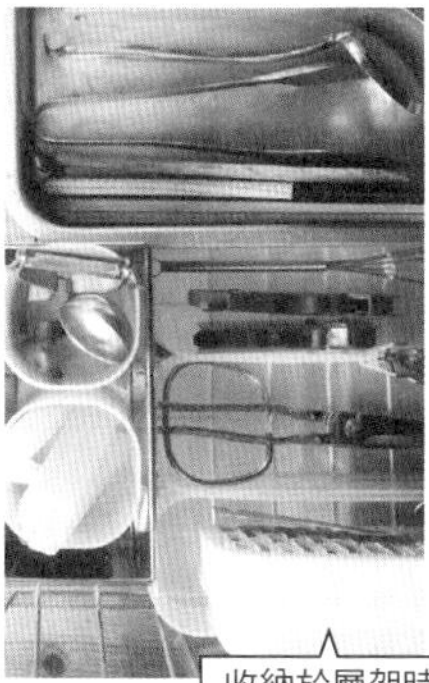

收納於層架時

常用的調理器具採用懸掛式&直立式收納，看起來更美觀。

雖然廚房與其他居室之間幾乎沒有隔間，所有東西一覽無疑，但給人的感覺依然舒適。這是因為我對用品的顏色和材質非常講究，以白色為主體，搭配淺色木材，穿插植物的綠色、不鏽鋼等等。尤其是平常用的調理器具，也盡量統一顏色和尺寸，並在物品之間保留空隙，像展示一樣排列，就能減輕雜亂的印象。→ponsuke

1
鋁製S掛鉤／中
2入
約寬4×高8.5cm
價格：190日圓

2
米白瓷廚房道具架／
8S
約直徑9×高16cm
價格：990日圓

餐具收納於固定位置&簡樸造型托盤，取用好順手。

其實我家沒有特別準備訪客用的東西。無論是棉被、拖鞋還是餐具，無一例外。站在「東西能少則少」的觀點，我平時用的餐具都是拿給客人用也不會不好意思的東西。

餐具固定收納在廚房抽屜的上層，並用PP整理盒2劃分抽屜內的空間。除了固定物品的收納位置，我還用了造型簡樸的托盤，所以每天拿取時都相當順手。

→yk.apari

PP整理盒2
約寬8.5×深22.5×高5cm
價格：190日圓

用盒子集中管理容易散落於冰箱各處的包裝食品。

無印良品的PP整理盒系列用途廣泛，可以用來收納文具、餐具，我也推薦用來整理冰箱內的東西。我是用PP整理盒4分類納豆、雞蛋豆腐和豆腐。

常備菜還可以用密封容器保存，納豆這類包裝食品就很容易亂放在冰箱各處。不過只要使用收納盒，就能集中管理，讓冰箱內部更加整潔。

→pyokopyokop

冰箱內也能
既乾淨又整齊♪

PP整理盒4
約寬11.5×深34×高5cm
價格：220日圓

利用½尺寸的檔案盒劃分廚房的收納空間。

原本用來收納筆記本或文件的聚丙烯檔案盒，可以放入廚房爐台底下的收納櫃，輕鬆劃分櫃內空間。

用來裝沙拉油、麻油等調味料，就不必擔心拿取其他料理器具時碰倒。此外，還可以將湯勺或鍋鏟等廚房用具立起來放進馬克杯。聚丙烯檔案盒系列有好幾種款式，但½尺寸的款式特別適用於滑軌式收納，方便從上方拿取東西。

→Ayumi

調味料和廚房用具
也放得下

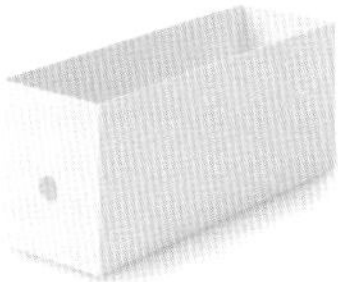

聚丙烯檔案盒／標準型
½／白灰
約寬10×深32×高12cm
價格：390日圓

不會太大，也不會太小，充分利用空間的最佳尺寸！

PP收納盒用途多變，真的很方便！而且尺寸既不會太大，也不會太小，是整理抽屜內部的必備良伴。

整理盒有很多種尺寸，其中我特別喜歡「整理盒3」。雖然高度只有五公分，但也不至於太淺，容量遠比看起來的還要大。整理盒能夠妥善劃分收納空間，不造成任何浪費。

→ta__kurashi

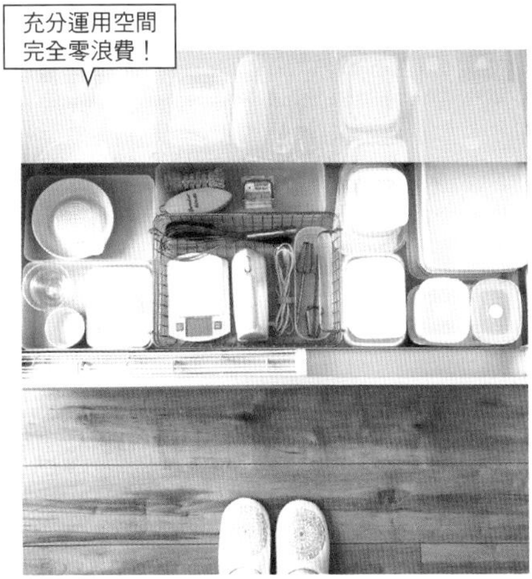
充分運用空間
完全零浪費！

PP整理盒3
約寬17×深25.5×高5cm
價格：250日圓

使用「壓克力隔板」餐具櫃空間一丁點都不會浪費。

壓克力隔板放在書桌上好用，放在廚房的餐具櫃裡也能大顯身手！我家是用來收納平盤和深盤。

這個隔板最棒的地方是能劃分餐具櫃空間，讓上下半部都能收納餐具。太多碗盤疊在一起，不僅很難拿取，還有可能造成破損。但是利用壓克力隔板劃分上下空間，就能分別擺放不同種類的碗盤，拿取時更加順暢。

此外，我非常喜歡壓克力透明的材質，即使多放幾個也不會造成壓迫感。可以配合自己購買的碗盤，量身打造餐具櫃空間。

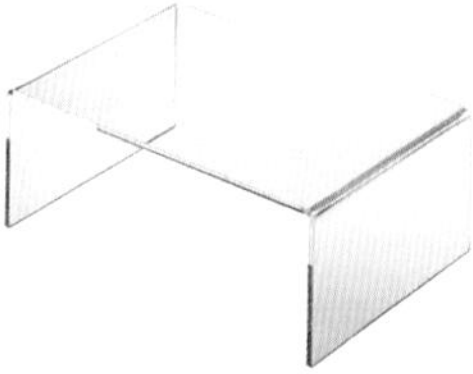

壓克力隔板
約寬26×深17.5×高10cm
價格：890日圓

餐具櫃各個角落都有用

蓋上蓋子即可避免少用的碗盤積灰塵。

A4尺寸的聚丙烯檔案盒非常適合用來直立式收納大型碗盤。比起直接堆疊，直立式收納不僅增加了可以收納的數量，還能最大限度利用空間。如果收納的碗盤顏色和形狀在一定程度上統一，外觀看起來也會更清新。

此外，下層也用標準型的聚丙烯檔案盒存放使用頻率較低的碗盤。只要蓋上蓋子，存放時也不必擔心灰塵堆積。

→shiroiro.home

1 聚丙烯立式斜口檔案盒／A4
約寬10×深27.6×高31.8cm　價格：590日圓

2 聚丙烯檔案盒／標準型／A4用
約寬10×深32×高24cm　價格：590日圓

3 聚丙烯檔案盒／標準型／寬／A4
約寬15×深32×高24cm　價格：790日圓

4 聚丙烯檔案盒用蓋
寬15cm用／透明　價格：490日圓

利用盒子統整碗盤要用時一口氣取出。

今天我趁空清出所有碗盤，擦了一遍架子。定期清潔才能避免灰塵堆積。

我不知道我們家的碗盤算多還是算少，但我會放進盒子統整，所以取用時非常輕鬆。尤其無印良品的托盤尺寸夠大，高度也很便於收納碗盤。

此外，常用的碗盤會統一放在左邊。碗盤的數量不重要，重要的是如何利用有限的空間，確保餐盤容易取用，我也還在持續調整。

→mayuru.home

1 PP整理盒3
約寬17×深25.5×高5cm
價格：250日圓

2 PP整理盒2
約寬8.5×深22.5×高5cm
價格：190日圓

用盒子整理抽屜各種工具有條不紊。

廚房用品很雜，每樣東西的尺寸都不一樣，以至於抽屜很容易弄得一團亂，因此我推薦將東西裝進整理盒。記得要根據收納的物品來選擇合適的整理盒。

→K

1 PP整理盒1
約寬8.5×深8.5×高5cm
價格：100日圓

2 PP整理盒3
約寬17×深25.5×高5cm
價格：250日圓

為了讓孩子學會幫忙，餐具要集中收納在一起。

如果家裡有孩子，就需要另外準備兒童餐具了。雖然吃飯時孩子也會幫忙拿餐具，但看起來要準備全家人的餐具還是有點辛苦。於是，我將全家人的餐具統一裝在一個盒子裡。

以前，每一樣餐具我都會各自用一個整理盒，但現在只需要拿出一個盒子就能準備開飯。這樣一來，孩子想要幫忙也簡單多了。

同樣地，收納廚房工具時也要保留一些空間。我會篩選必要的用具，確保收納和拿取的方便。

→nika

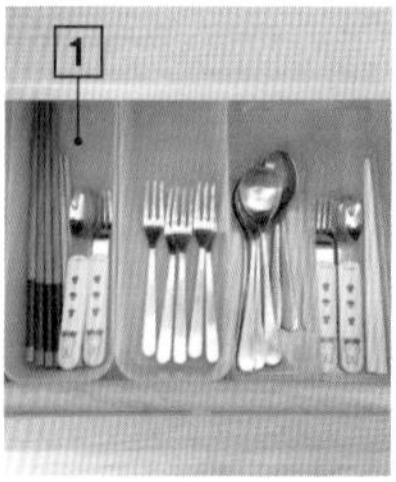

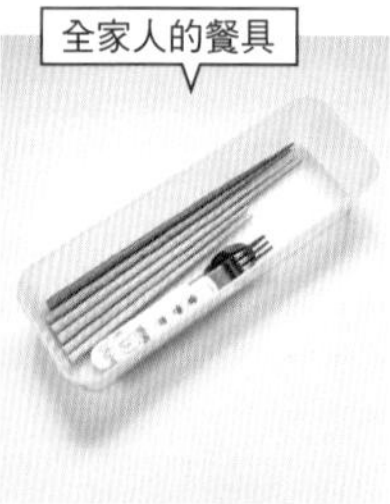

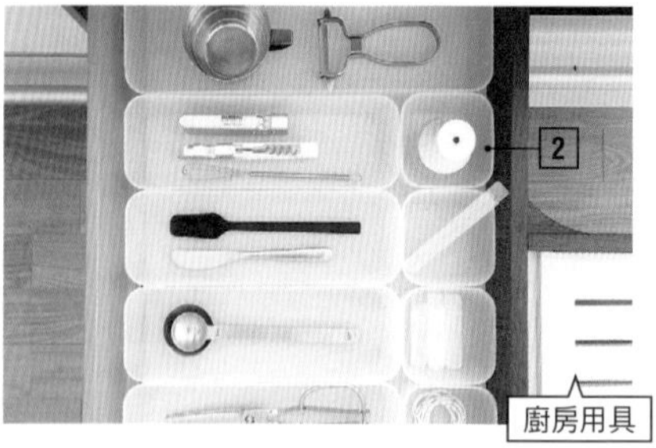

1 PP整理盒2
約寬8.5×深22.5×高5cm
價格：190日圓

2 PP整理盒1
約寬8.5×深8.5×高5cm
價格：100日圓

髒了也能直接沖洗容易維持乾淨的**萬能隔板**。

水槽下方深度十足的抽屜櫃，我用了無印良品的檔案盒和壓克力間隔板劃分空間。而且這兩樣東西即使髒了也能馬上清洗。

由於鍋具大小不一，所以使用容易移動的隔板會比較方便。壓克力分隔架做工扎實，不易傾倒，適合充當調理器具的支架。此外，鍋具收進較大的檔案盒，就不必另外劃分收納位置，也不會浪費太多空間。雖然廚房比較容易弄髒，但這兩樣東西都可以清洗，萬一髒了也能輕鬆清理乾淨。這或許還不是最理想的收納方式，但我會繼續改進，努力打造出一個容易分辨也容易使用的收納環境。

→pyokopyokop

1

壓克力間隔板／3間隔
約寬13.3×深21×高16cm
價格：1190日圓

2

鋼製書架隔板／小
寬10×深8×高10cm
價格：390日圓

結實耐用、形狀優秀！

而且容易清洗可以保持衛生。

我們家的廚房工具也是無印良品的產品。每次要更換廚房工具時，我總會貨比三家，結果發現自己中意的都是無印良品的東西（笑）。無印良品的產品就是這麼好用！

雖然不鏽鋼材質的工具前端可能會在烹調過程沾上食材，但泡過水再洗或用鋼絲球仔細刷洗，依然可以洗得清潔溜溜、不殘留污垢。而且即使用力刷洗，也不容易受損，十分結實。也因為無印良品的廚房工具造型單純，所以容易清洗，可以隨時保持衛生。我也很喜歡量匙，它除了量材料分量，也能拿來攪拌液體，用途很多元，讓我可以少洗一些東西。

→Yukiko

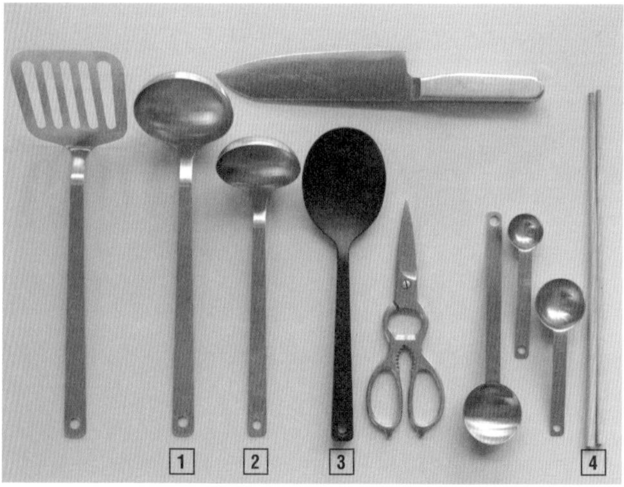

貫徹簡單至上主義
無印良品的一系列
優秀廚房用具！

整排吊起來
輕鬆營造整體感♪

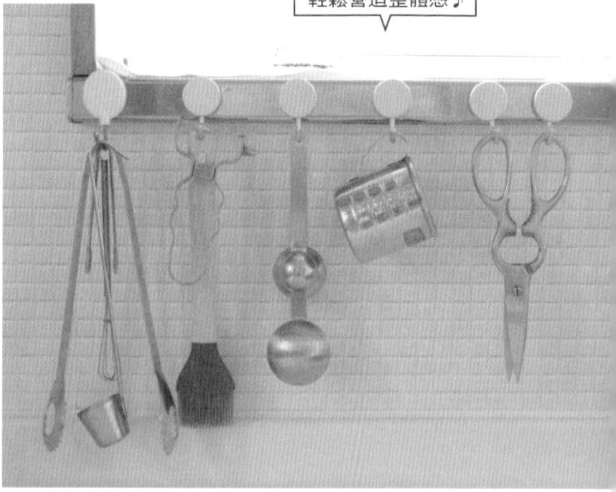

1
不鏽鋼湯杓／大
約寬8.5×
長30cm／
把手24cm
價格：890日圓

2
不鏽鋼湯杓／小
約寬7.5×
長25.5cm／
把手20cm
價格：690日圓

3
矽膠調理匙
長約26cm
價格：490日圓

4
長竹筷／30cm
價格：150日圓

不好堆疊的碗盤用壓克力隔板收納才美觀。

不同形狀的碗盤如何收納是個難題。如果勉強堆疊，不僅不好看，還可能導致碗盤破損，最糟的情況甚至碎裂。

所以我用無印良品的壓克力隔板，增加了擺放盤子的空間，並且只有同種類的碗盤會堆疊，收納起來更加井然有序。隔板是壓克力材質，不會擋住碗盤，最重要的是，這樣看起來非常整齊美觀。碗盤從此好找了不少，也好拿多了。

↓H

1 壓克力隔板
約寬26×深17.5×高10cm
價格：890日圓

利用盒子劃分收納空間收納效果無與倫比。

餐具和廚房工具全都收納在抽屜裡。流理台底下的淺抽屜裡，擺著符合物品尺寸的收納盒，只需拉開就能清楚看見庫存的狀況。

↓大木

PP保鮮膜盒／大
約寬25～30cm用
價格：490日圓

細長的廚房用品放入道具架節省空間。

廚房裡有很多像長筷、刮刀這種細長的工具。如果水槽下的收納空間高度夠，可以將這些工具立起來放入道具架，節省空間。道具架本身夠重，隨意放入各種東西也不會倒。

↓H

米白瓷廚房道具架／8S
約直徑9×高16cm
價格：990日圓

使用風格一致的分隔用品普通的餐具櫃搖身一變化為時尚的儲物櫃。

筷架等小東西，用經濟實惠的PP整理盒1裝起來。一次放好幾個整理盒，可以將東西分門別類，達到超乎預期的收納效果。

此外，我也會使用壓克力隔板。聚丙烯和壓克力材質沒有壓迫感，即使放了很多個也不會顯得雜亂。

放置飯碗的方形托盤也是無印良品的產品。托盤有好幾種尺寸，我煩惱了很久，最後決定購買寬度二十七公分的款式，因為尺寸小巧，使用上比較靈活。收納用品一律選用透明材質和木製品，我想這樣也成功營造出廚房收納該有的整潔了。

↓Y

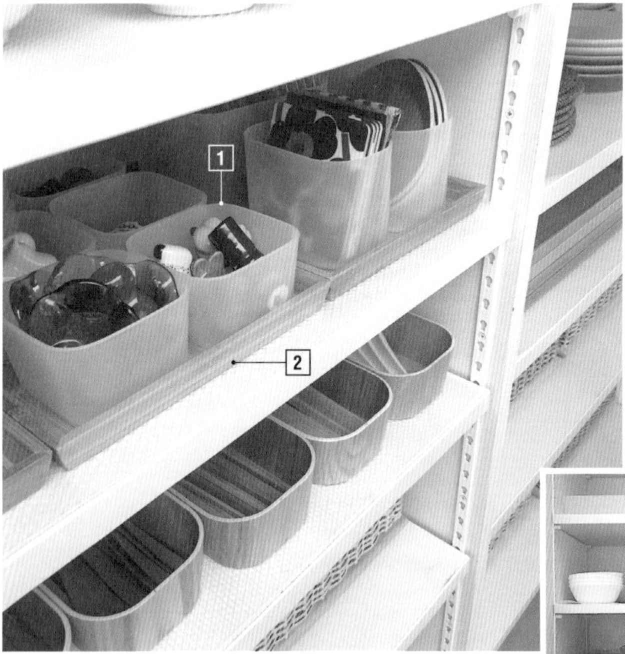

收納櫃的質感自然又整潔

1

PP整理盒1
約寬8.5×深8.5×高5cm
價格：100日圓

2

木製方形托盤
寬約27×深19×高2cm
價格：1490日圓

條理分明且容易拿取！提高收納效率。

將碗盤收納於水槽下較深的抽屜櫃時，用隔板將碗盤立起來放很重要。若堆疊收納，底部的碗盤一定會很難拿取。而採直立式收納，即便是大碗盤也能輕易拿取，挑選碗盤時也可以有更多樂趣。

另外，像馬克杯和小碟子這類小型餐具，可以用兩個不鏽鋼收納籃疊在一起，容納更多數量。再搭配PP化妝盒分隔，下層的東西也能輕鬆取出，管理碗盤也更方便。

↓大木

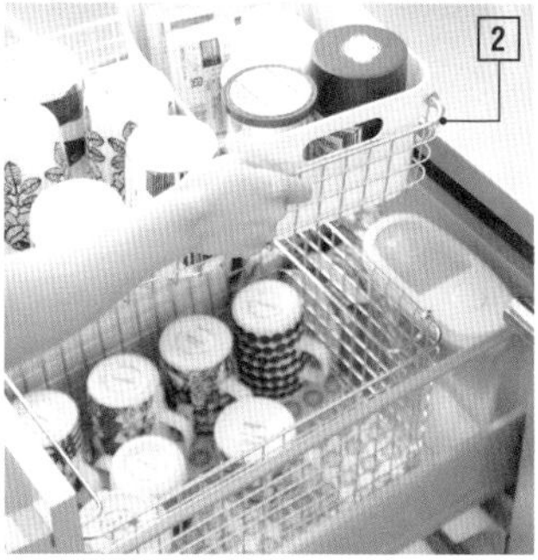

1

聚丙烯檔案盒
標準型／A4用
約寬10×深32×高24cm
價格：590日圓

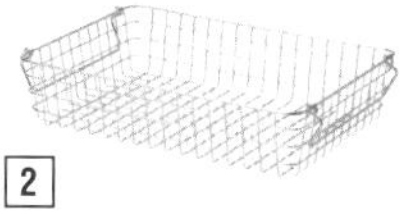

2

不鏽鋼收納籃2
約寬37×深26×高8cm
價格：1490日圓

3

PP化妝盒
約寬15×22×16.9cm
價格：350日圓
※此處使用了½尺寸的化妝盒堆疊

使用**整理盒**將廚房工具收得清新又有條理。

抽屜內零散的廚房工具，就交給整理盒搞定。無印良品的整理盒有淺有深、有大有小，可以完美放入廚房抽屜。

較大的整理盒可以用來放盆子，夾子和矽膠勺等細長器具則適合放在細長的盒子裡，橡皮筋、牙籤、壓模等小東西，我喜歡用正方形的小盒子裝。

無印良品的整理盒非常好用，可以根據要收納的東西選擇大小合適的款式。

→Mina

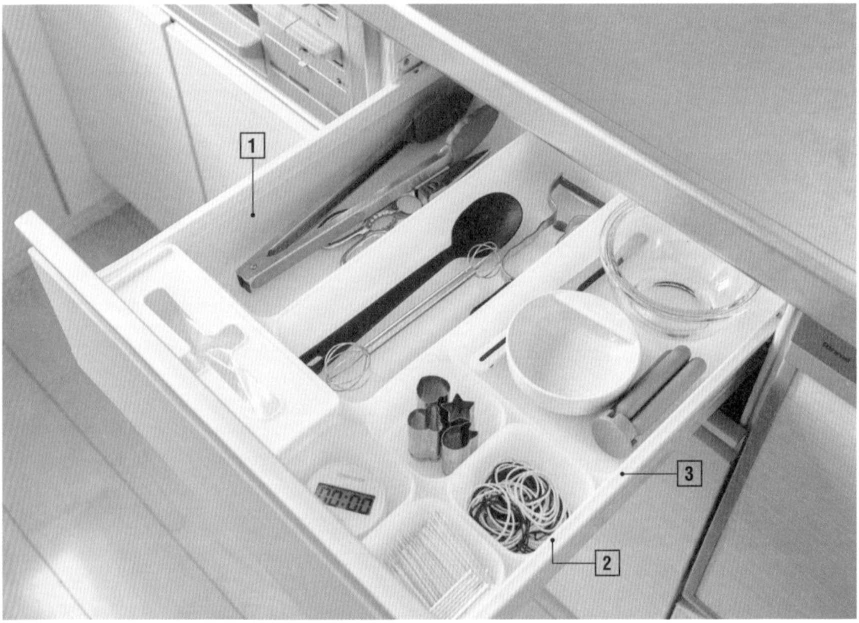

1

PP整理盒4
約寬11.5×深34×高5cm
價格：220日圓

2

PP整理盒1
約寬8.5×深8.5×高5cm
價格：100日圓

3

PP整理盒3
約寬17×深25.5×高5cm
價格：250日圓

狹小的廚房空間利用夾子懸掛物品。

想要在狹小的廚房空間攤開食譜也不容易。這時，掛鉤式的不鏽鋼絲夾就很好用。

有了這個夾子，就能將食譜掛起來，安心看著食譜做菜。除了食譜，不鏽鋼絲夾也能用來夾垃圾袋或廚房紙巾等廚房用品，著實有備無患。

→Ayumi

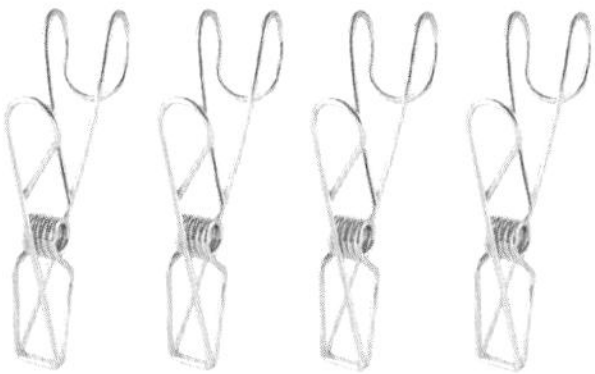

不鏽鋼絲夾／掛鉤式／4入
約寬2×深5.5×高9.5cm
價格：490日圓

多虧抽屜裡有小隔板要用什麼都能馬上拿取！

正因為廚房空間狹小，所以更應充分利用空間。餐具櫃和牆壁間尷尬的空隙，恰好可以塞進一個窄款的淺型PP盒。

我是用這款PP盒收納藥品，它最好用的地方是抽屜內部有隔板，空間分得很細。即使東西隨意放進去，也不會亂成一團，方便我馬上找到自己要拿的東西。

→Tomoa

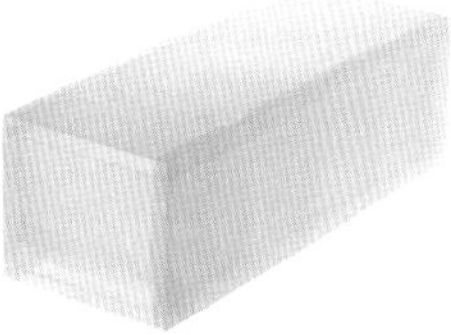

PP盒／淺型／窄
附隔板（正反疊）
約寬14×深37×高12cm
價格：1090日圓

完美收納調理器具和餐具的尺寸。

我會用整理盒和化妝盒區分廚房的抽屜空間。根據東西的用途和大小，使用不同的盒子來做分類，不僅方便拿取，聚丙烯材質髒了也能直接沖洗，保證耐用無比！容易散亂四處的調理器具集中收納在一起，也能避免自己多買不必要的東西。

→Maki

1
PP整理盒2
約寬8.5×深22.5×高5cm
價格：190日圓

2
PP整理盒4
約寬11.5×深34×高5cm
價格：220日圓

要用的東西全部裝進籃子！泡茶時準備更加輕鬆。

將吃飯時會用到的東西整組裝在一起，準備和收拾起來會更輕鬆。廚房裡的不鏽鋼收納籃，放了咖啡豆、濾紙、磨豆機、茶包等小憩時光的用品，想要喝茶時可以將整個籃子拿到工作台或餐桌上，這樣效率高多了。

↓K

不鏽鋼收納籃4
約寬37×深26×高18cm
價格：1990日圓

容易亂糟糟的儲藏室也能輕易拿取物品。

我在餐具櫃裡放了椰纖編籃，弄成櫥櫃的樣子，要拿東西時可以將籃子整個抽出來。這款籃子不僅能堆疊使用，還可以像這樣排列在櫃子裡，形成簡易的抽屜櫃！

這些籃子就是我家的小型儲藏室。上層左側放乾貨，右側放兒童用品，下層左側放即食食品和料理包，下層右側放離乳食品和容器……像這樣分門別類，拿取物品也會順利許多。

下層籃子裡的東西還會再用化妝盒細分。將兩個化妝盒並排放在籃子裡，尺寸剛剛好，不會出現多餘的空隙。

→Y

1
椰纖編方形籃／中
寬約35×深37×高16cm
價格：1990日圓

2
PP化妝盒½
約寬15×深22×高8.6cm
價格：290日圓

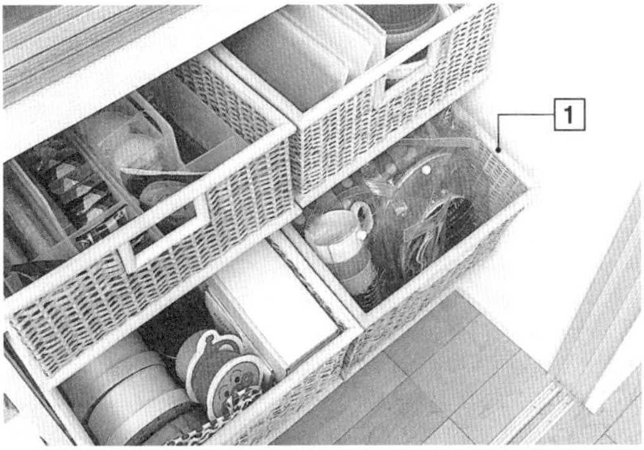

「可以換裝的物品」全部用籃子裝起來保管。

我在買東西的時候，常常會忍不住順便買幾包零食，但我會準備中型的藤編籃，並規定「零食不能超過藤編籃的容量」，這樣既守住了錢包，也不會對身體造成太大的負擔。另外，藤編籃蓋上蓋子後也看不見裡面的東西，所以即使擺在檯子上也不礙眼。順帶一提，我非常推薦用大型的藤編籃保管尿布。拆開尿布包裝後直接放入籃子保管，也方便查看剩餘量。

→gomarimomo

1
可堆疊藤編／長方形籃／中
約寬36×深26×高16cm
價格：2290日圓

2
可堆疊藤編／長方形籃／大
約寬36×深26×高24cm
價格：2990日圓

小杯子用隔板隔開避免碰撞導致破裂。

用盒子裝小型餐具時，強烈建議搭配鋼製書架隔板使用，防止器皿之間碰撞，降低破裂的風險。這樣也能避免餐具擺得很凌亂。

↓大木

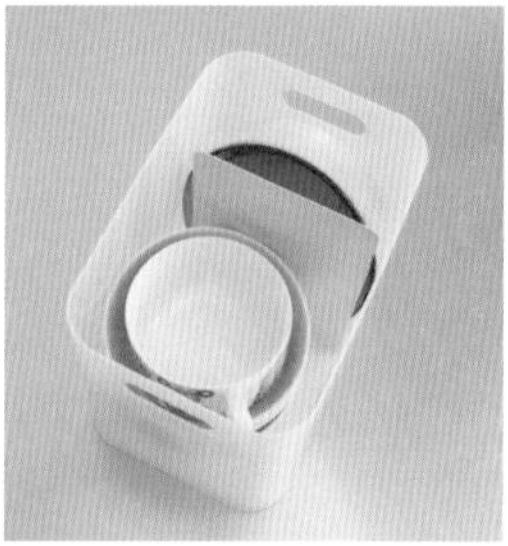

鋼製書架隔板／中
寬12×深12×高17.5cm
價格：450日圓

全部收進牢固的不鏽鋼收納籃取用物品更輕鬆！

下午茶時間要用的東西通常體積較大。咖啡豆或紅茶的外盒貼上標籤後放入牢固的不鏽鋼收納籃，不僅容易管理庫存，也方便取用。

↓渡邊

不鏽鋼收納籃2
約寬37×深26×高8cm
價格：1490日圓

用托盤區分物品冰箱也能井然有序。

決定好冰箱每層放的東西，食材管理起來較容易。另外將同時會用到的食材放在同一個托盤上也很方便，例如將味噌和高湯用的材料裝入整理盒，只要將整個盒子拿出來就能馬上調理，有效節省烹飪時間。

→gomarimomo

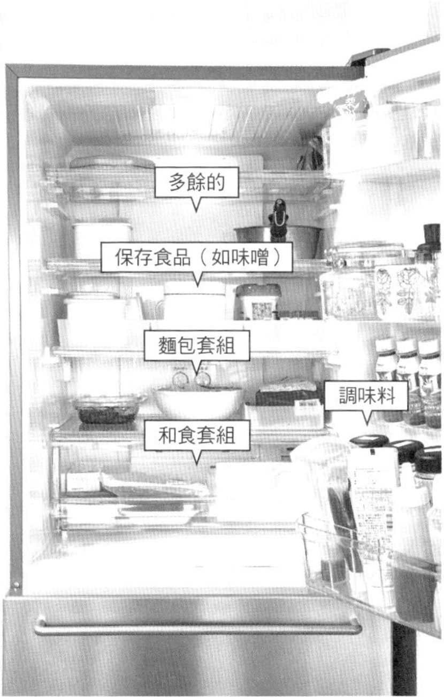

PP整理盒3
約寬17×深25.5×高5cm
價格：250日圓

占位子的輕食用藤編籃收納於固定位置。

家裡人多的話，很難管理即食食品，但約十六公分高的中型藤編籃，正好可以放入泡麵或即食湯品，也能避免自己買到多餘的東西。

→大木

可堆疊藤編／長方形籃／中
約寬36×深26×高16cm
價格：2290日圓

瓶瓶罐罐與盒裝物品全部放入PP附輪收納箱。

PP附輪收納箱對於空間狹小的儲藏間來說十分便利。將保鮮膜、鋁箔紙等盒裝物品或罐頭等常備食品按層分類，外面再貼上標籤，這樣家中其他人也不會找不到東西。

→大木

PP附輪收納箱／4層
約寬18×深40×高83cm
價格：3990日圓

夾起來、掛起來，輕鬆晾乾東西！

無印良品的超人氣商品「不鏽鋼絲夾」，在家中各個角落都能派上用場。我家很多地方也有用不鏽鋼絲夾，其中一些掛在抽油煙機上，用來晾抹布或牛奶盒特別方便。雖然它看起來像不鏽鋼曬衣夾，不過只要隨手一掛就能衍生出各式各樣的用法。另外，抽油煙機上還貼了一個我很喜歡的計時器，旋轉外圈的刻度盤就能輕鬆設定時間。

↓A

設置好簡單
夾好就能吊起來♪

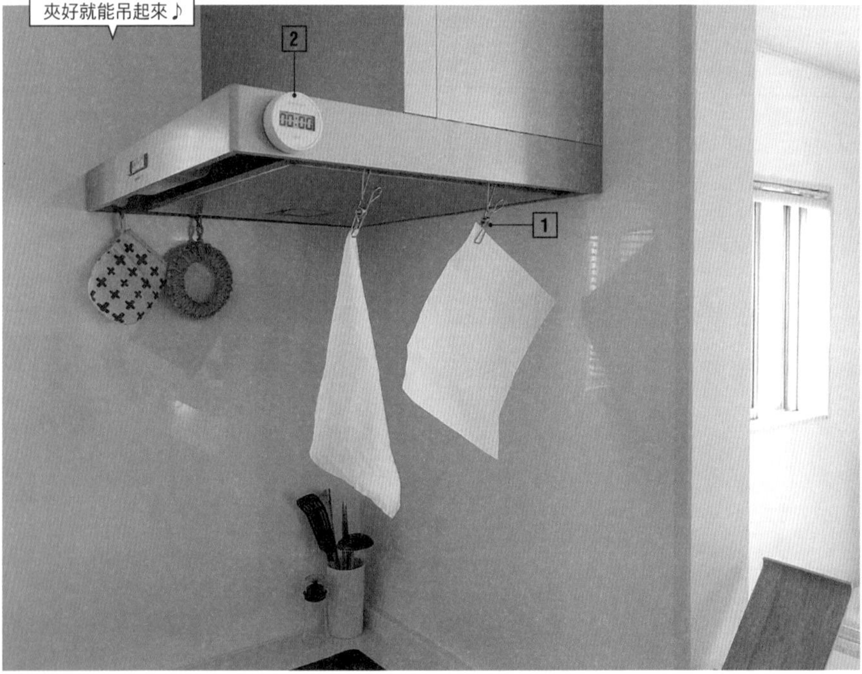

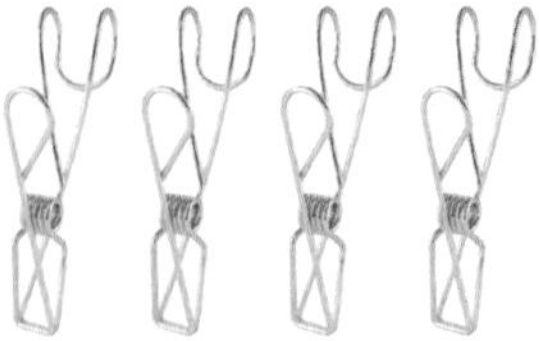

1

不鏽鋼絲夾／掛鉤式／4入
約寬2×深5.5×高9.5cm
價格：490日圓

2

廚房用計時器／圓形
型號：TD-393
價格：1990日圓

收納適度留白 拿取物品更順暢。

常用的兩種抹布和常溫保存的蔬菜放在架子旁邊，只要從流理台的位置轉個身就能拿取，位置剛剛好。雖然有時候看見空隙會讓人忍不住想塞些東西，但物品之間保留一點空間，拿取和歸位時也比較輕鬆，這樣自然能保持整潔。若希望物品收納整齊，留白也是一大重點。

↓K

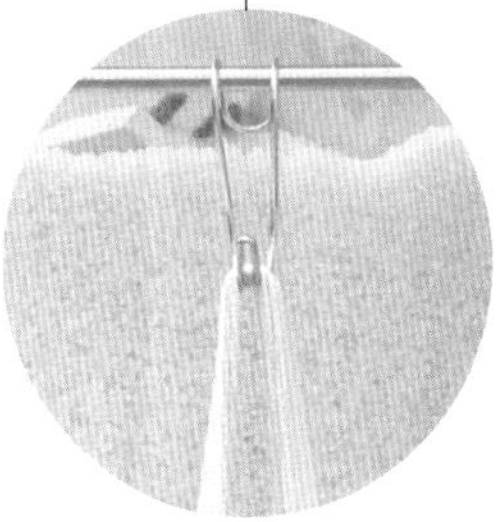

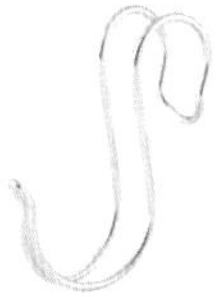

掛鉤／防橫搖型／大／2入
約直徑1.5×2.5cm
價格：490日圓

極致的開放式收納 正是保持房間整潔的秘訣。

清潔用具和購物袋等常用東西都採懸吊式收納，避免直接放在架子或地板上，減少打掃的麻煩。懸吊式收納，交給無印良品的壁掛家具系列就對了。這些家具的外觀自然，不管安裝在哪裡都不奇怪。

而且這些家具非常扎實，不僅能掛包包和圍裙，連有一點重量的清潔用具也能掛得很安穩，讓人放心收納。

↓M

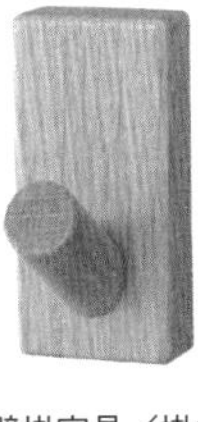

壁掛家具／掛鉤／橡木
價格：990日圓

從外面看不到內容物的**吊櫃**貼上標籤更方便管理。

吊櫃通常很寬，小東西直接放進去只會亂成一團。我家的吊櫃也很寬，而且沒有隔板。

這種時候，使用檔案盒可以將東西整理得井井有條。檔案盒外寫上裡面裝的東西，並固定收納的位置，就能輕輕鬆鬆將東西收得整整齊齊。而且檔案盒可以立著放，一看就知道裡面裝了什麼。我是用來裝比較輕的乾貨和未拆封的粉包、乾麵等等。這款檔案盒是紙板做的，即便不小心掉下來也沒什麼危險，可以安心使用。

→pyokopyokop

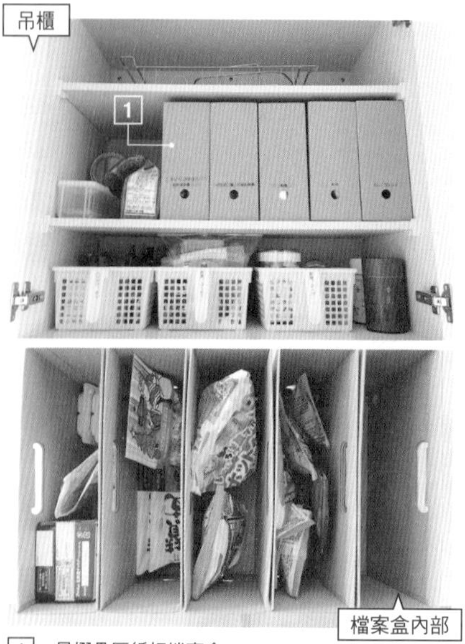

1 易摺疊厚紙板檔案盒
5入／A4用
價格：890日圓

熱水壺旁邊存放多款**茶包**。

小物收納盒可以在小小的空間自成一個置物架。抽屜內有可以調整位置的隔板，非常方便。我們家是用來收納下午茶時間需要用的東西。

→shiroiro.home

聚丙烯小物收納盒／3層
約寬11×深24.5×高32cm
價格：2290日圓

零食裝進**手提收納盒**！隨時可以拎去想吃的地方。

我在椰纖編籃裡面放了兩個PP手提收納箱，用來收納零食。這款收納箱有提把，想吃零食的時候可以輕鬆地整盒拎到客廳。

→Y

PP手提收納盒／寬／白灰
約寬15×深32×高8cm
價格：1090日圓

保存期限較長的食材集中收進籃子。

我儲存食品的方式比較大而化之，重點是籃子的數量要維持在自己有辦法掌控的範圍，並且保持一目瞭然的狀態。

我是用無印良品的椰纖編長方形籃保管食材。這款用椰子纖維手工編織而成的籃子透氣性佳，非常適合存放保存期限較長的食材。為了不破壞客廳的裝潢調性，我用蘋果箱搭成架子，再搭配椰纖編長方形籃，整體調性也很一致。

我儲存的食品主要分成四種：即食食品、罐頭、調味料和乾貨。即食食品和罐頭同時也是緊急糧食，需要定期消耗。因此，我會將快過期的食品拿出來，放在顯眼的位置。

→DAHLIA★

1

椰纖編長方形籃／大
寬約37×深26×
高24cm
價格：1990日圓

2

椰纖編長方形籃
大中小／用蓋
寬約37×深26×高2cm
價格：490日圓

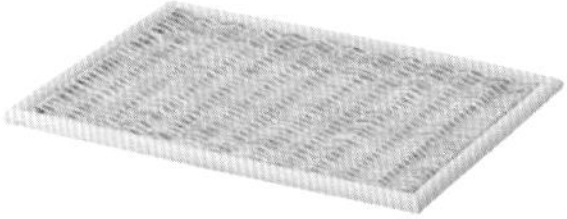

保鮮膜的備用品統一放入檔案盒。

家裡儲藏室有擺置物架的人，我推薦使用無印良品的檔案盒，尺寸剛好可以用來收納保鮮膜、鋁箔紙等需要補充的消耗品。雖然這款檔案盒是厚紙板材質，但相當扎實，不容易軟掉，可以用很久，這一點令人十分滿意。由於儲藏間存放的東西很雜，例如各種常備食材和萬用調味料，用檔案盒固定好收納位置也比較好管理庫存。

↓U

易摺疊厚紙板檔案盒
5入／A4用
寬約10×深28×高32cm
價格：890日圓

常用的常溫保存調味料裝進籃子方便整籃取出。

不鏽鋼用品容易清理，非常適合放在廚房。網狀的收納籃通風良好，放在潮濕的環境也不怕。在我們家是拿來放醬油和乾貨等經常使用的調味料。雖然調味料原本的包裝看起來有點雜亂，但統一放進質樸的不鏽鋼收納籃，也馬上變得時尚起來。籃子有提把，所以放在深處的東西也能輕鬆拿取。

↓K

不鏽鋼收納籃4
約寬37×深26×高18cm
價格：1990日圓

使用藤編籃收納可以隱藏內容物！

藤編籃是我家廚房的收納法寶。手工編織的溫度，光是擺著就能讓人心情好起來。

而且這款收納籃作工扎實，即使放有點重量的東西也不必擔心。而且它有提把，拿東西時非常方便。不過籃子有點深度，所以我還會放一些盒子，防止東西亂成一團。

↓安藤

可堆疊藤編／方形籃／大
約寬35×深36×高24cm
價格：3990日圓

可以橫放的水筒節省冰箱空間。

無印良品的壓克力冷水筒本身就有一個裝冷泡茶包的過濾器，拆卸也相當容易，最棒的是它可以整筒橫著放！非常適合因應有限的冰箱空間調整擺放的方向。

此外，水筒的容量很大，泡好一壺就可以喝很久，替我省下不少麻煩。容易拿取的設計也很棒。

→Kamome

壓克力冷水筒／2L
筒身可直立、可橫放
價格：990日圓
※照片為舊款商品

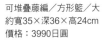

邊緣加高的木製托盤每天各個時段都能派上用場！

木製方形托盤共有三種尺寸，我家愛用的是約寬二十七×深十九×高二公分的款式。這種尺寸適合擺放餐具，無論早餐、晚餐，甚至下午茶的時間也能用來放點心和咖啡，所以幾乎每天都會用到，是我們家使用頻率最高的東西。

托盤為白蠟木材質，木紋和色調都很自然，無論擺什麼都很有一回事。而且厚度十足，相當耐用。

此外，托盤邊緣有加高，即使不小心打翻東西也不會弄髒桌子，可以減少清理的麻煩。這款托盤也非常適合給容易打翻食物和飲料的幼童使用。

↓A

準備晚餐飯菜和下午茶時都很方便

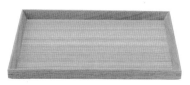

木製方形托盤
約寬27×深19×高2cm
價格：1490日圓

剛好能填入縫隙的纖細垃圾桶太棒了。

一般人都不希望垃圾桶太顯眼，希望顏色和造型單純，又要有足夠的容量……能滿足這些任性需求的，就是無印良品這款PP上蓋可選式垃圾桶。

白灰色的外觀不會太顯眼，造型上也容易放入狹窄的空間，正好能填補一些縫隙。而且它最大的特點是可以決定蓋子要縱向還是橫向打開，所以能配合放置的地方選擇適合的款式，使用起來非常方便。

→Ayumi

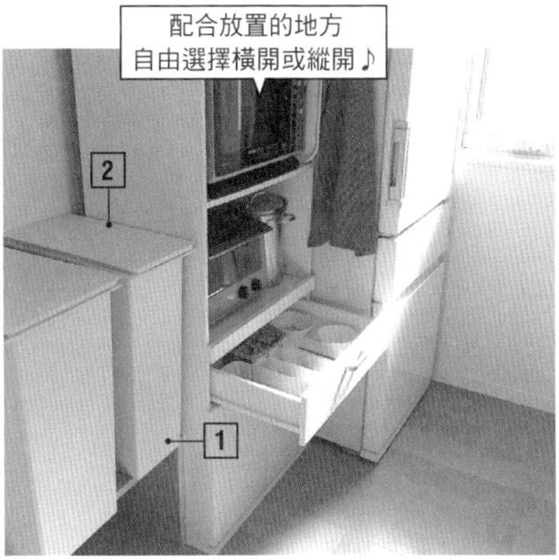

1 PP上蓋可選式垃圾桶
大／30L袋用
約寬19×深41×高54cm
價格：1790日圓

2 PP上蓋可選式垃圾桶用蓋／縱開式
約寬20.5×深42×高3cm
價格：690日圓

有點重量的調味料用托盤收納方便取用。

分裝過後還有剩的調味料瓶罐，放在看得見的比較方便管理庫存，也能避免重複購買。重點是要用托盤盛裝，這樣即使是有點重量的調味料瓶罐也能輕鬆拿取，即使液體漏出來也能輕鬆清洗。

→藤田

PP整理盒4
約寬11.5×深34×高5cm
價格：220日圓

常用的調味料靠牆裝飾營造出咖啡館的氛圍。

利用壁掛家具系列產品，死角也能用來擺放調味料，仔細規劃擺放方式還能營造出咖啡館的氛圍。每樣東西之間留點空隙，留意高度和擺放順序，當作一種擺飾，就能大幅減輕雜亂感。

→ponsuke

壁掛家具／箱／橡木
寬44×深15.5×高19cm
價格：3990日圓

清潔用品集中收納於洗碗機下方。

洗碗機下方的抽屜有點難用，我們家是用來放廚房的清潔用品，這樣清理廚房就輕鬆多了。

除濕劑、漂白水和護手霜就直接放在抽屜裡，至於備用的海綿、刷子和排水孔濾網等小東西則用無印良品的化妝盒裝起來。化妝盒還可以堆疊，很方便。

無印良品的容器設計簡約又優美，無論怎麼組合都不奇怪，可以將物品整理得漂漂亮亮，不夠的話也可以隨時添購。而即使稍微弄髒了，也可以放心清洗，容易保持乾淨。

→pyokopyokop

清潔用品
用不同盒子
分別收納

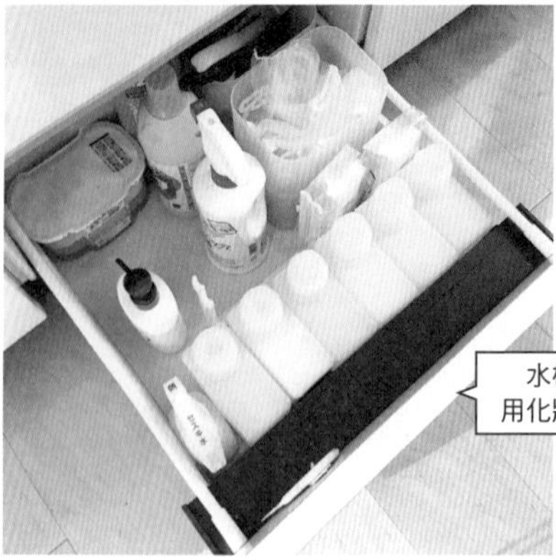
水槽下方
用化妝盒整理

1

PP化妝盒½／橫型
約寬15×深11×高8.6cm
價格：250日圓

壁掛家具系列增加廚房的便利性！

我們家的廚房裝了壁掛家具的橡木箱。如果家裡的牆壁是石膏板材質，那麼任何人都能輕易安裝這系列產品。安裝於視線高度，方便迅速擦拭，清潔起來輕鬆不少。

冰箱上，我也用了不少無印良品的磁鐵系列產品。例如用「鋁製毛巾環／磁鐵式」掛抹布，這麼一來更容易清潔工作台和架子。此外，磁吸式的廚房紙巾架也意外地實用，食材不小心掉出來時，我可以迅速撕下紙巾擦拭乾淨。

→kumi

1 壁掛家具／箱／橡木
寬44×深15.5×高19cm
價格：3990日圓

廚房的收納櫃裡用檔案盒保管清潔用品。

廚房裡那個又淺又窄，位置又低的抽屜櫃，用起來很不方便嗎？前陣子，我大幅改善了這種抽屜櫃的使用方法。

實不相瞞，我發現無印良品½尺寸的檔案盒剛好放得下！空隙處則放了化妝盒，成功收納了備用的清潔劑、海綿類和清潔用品，感覺物超所值。

只不過這些盒子的尺寸無法完美地填滿抽屜櫃，所以我在深處加裝了一根百圓商店買的伸縮桿抵住。這樣拿取東西時能更加順暢，清潔起來也會方便許多。

→H

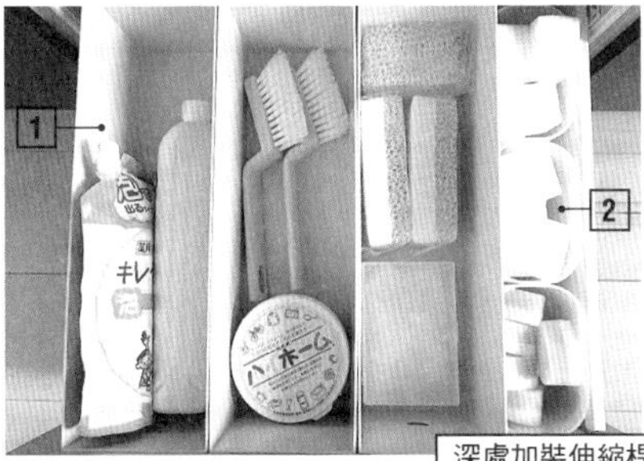

1 聚丙烯檔案盒／標準型½／白灰
約寬10×深32×高12cm
價格：390日圓

2 PP化妝盒½／橫型
約寬15×深11×高8.6cm
價格：250日圓

長柄海綿刷可以確實清洗到水瓶的邊邊角角！

我特別喜歡用長柄海綿刷清洗水瓶或杯子等細長的餐具。如果握柄太短，清洗時會卡到手，非常不方便，但這款長柄海綿刷可以直達瓶底，連邊邊角角也能清洗乾淨。握柄的部分設計簡單，因此也容易清理，維持衛生。

這款海綿刷還有一點很方便，就是可以根據用途更換前端的海綿，而且更換方法也很簡單，只需將海綿夾在框架上即可。

→Kanon

長柄海綿刷
握柄約27.5cm
價格：690日圓

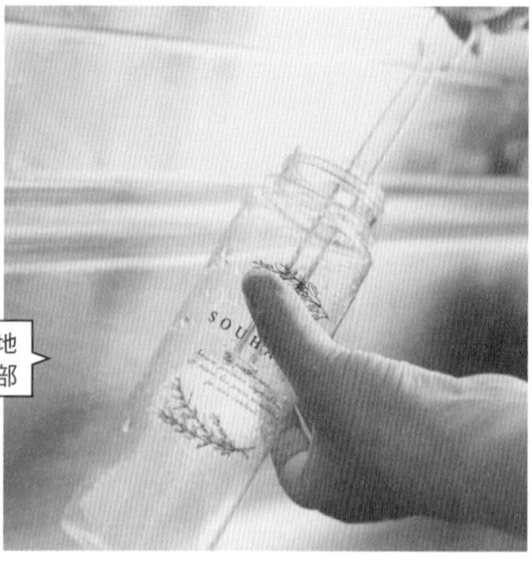

可以確實地
清潔到底部

小巧的形狀完美貼合手掌！

當初我只是基於對無印良品的喜愛買了這款刷子，並沒有想太多，實際用了才發現竟然那麼好用！小巧的造型能完美貼合女性的手掌，非常好握，刷毛硬度也適中，拿來洗東西相當順手。

而且價格也很合理，才一五〇日圓。我喜歡它單純至極的造型，沒有多餘的裝飾。如今它成了我們家清洗蔬菜專用的刷子，主宰了整座廚房。

→Yukiko

椰棕刷
約寬5×深11×高3cm
價格：150日圓

吊在水槽附近
現正愛用中

涼拌小菜直接用保存容器拌勻少洗好幾樣東西。

我一直都是用無印良品的密閉式保存容器裝涼拌小菜。原本我習慣先在盆子裡拌好再裝進保存容器，但清洗盆子和換裝容器都是一道工，所以我後來就直接在保存容器裡面拌勻了。由於盆子的使用頻率大幅減少，感覺可以重新想一想到底需要留幾個下來。小菜拌好後蓋上蓋子，就可以直接放入冰箱保存了。

容器的尺寸分成大、中、小共六種，方便運用，不會占用太多空間。而且還可以直接放入微波爐加熱，透明的設計能清楚看見內容物，我覺得相當好用。

→DAHLIA★

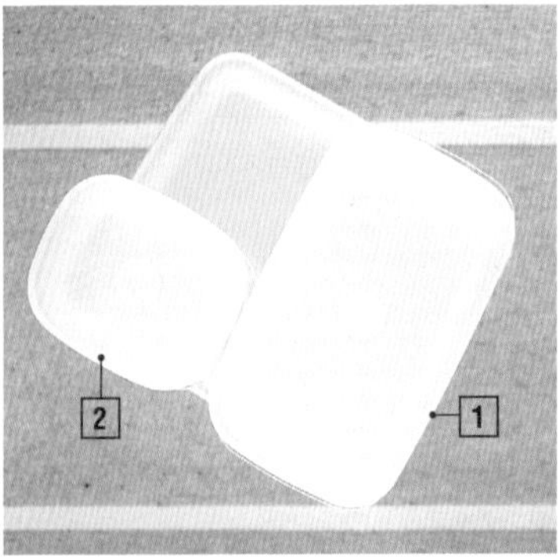

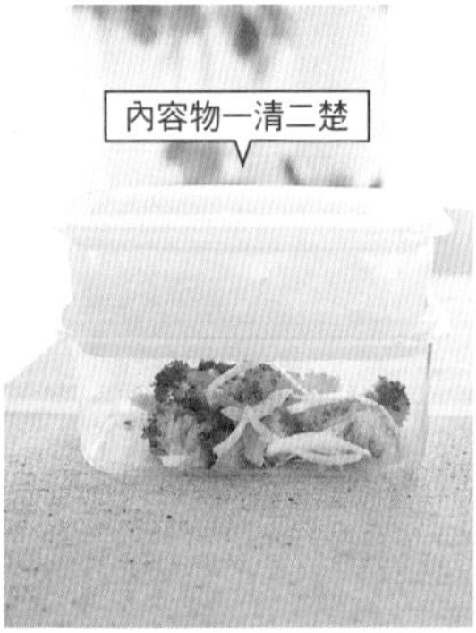

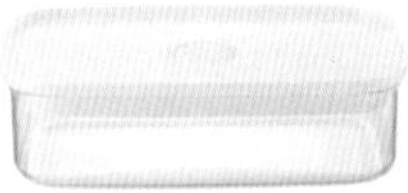

1 可微波密閉式保存容器／中
約寬12×深20×高5.5cm
價格：890日圓

2 可微波密閉式保存容器／小
約寬9.5×深12.5×高5.5cm
價格：690日圓

白磁丼能裝飯也能裝麵裝任何餐點都好用。

無印良品的白磁丼就是很單純的飯碗。圓鼓鼓的造型看似小巧，盛起食物的分量倒是剛剛好。而且無論裝飯、裝麵，裝什麼都很好看，用途很廣！

我也很喜歡它略帶藍色的色澤，而且沒有多餘的裝飾，表面質感光滑，清洗起來很輕鬆。木製方形托盤也是我的愛，無論顏色或尺寸，都和白磁丼十分匹配！

↓小小的房子

1
白磁丼／小／4S
約直徑13.5×高7cm
價格：690日圓

2
木製方形托盤
約寬27×深19×高2cm
價格：1490日圓

使用喜愛的托盤吃起早餐更有格調。

最近兒子開始會在自己的位子上抓東西來吃了，我也得以趁機好好享用自己的早餐。我很喜歡木頭的質感，用木製托盤享受簡單的早餐是我的一個樂趣。

↓kumi

木製方形托盤
約寬27×深19×高2cm
價格：1490日圓

透明密封罐容易清洗直接擺出來也很美觀。

我會將麥片和咖啡膠囊裝進透明的碳酸玻璃密封罐。以前麥片用袋子裝的時候很難取用，改用密封罐裝之後方便多了，還能避免受潮。而且這款罐子直接擺出來也很好看。

↓A

碳酸玻璃密封罐／約750ml
價格：790日圓
※照片為舊款商品

節省時間的小技巧 輕鬆用冷水筒製作冷泡高湯。

相信很多人早上都很忙，沒有太多時間替家人準備早餐。其實我平日也沒時間製作高湯，所以都會趁週末用這種方式準備。雖然是冷泡的，但味道一點也不馬虎。

我用的是無印良品的冷水筒。冷泡高湯的做法很多，我們家是用一公升的水，泡十~二十公克左右自己喜歡的材料（如小魚乾、柴魚片、昆布等），材料裝入茶包袋後直接浸泡（右下照片）。材料的量和種類可以根據個人喜好調整。冷泡的話就不需要事先處理小魚乾了。

前一天晚上裝好材料後放入冰箱（左方照片），泡到隔天早上就完成了。

→mayuru.home

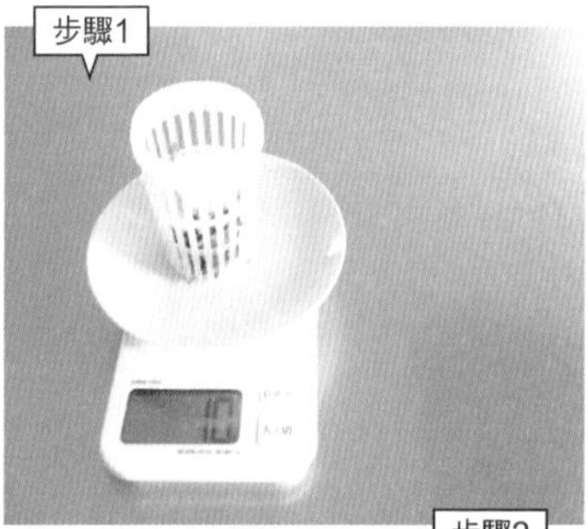

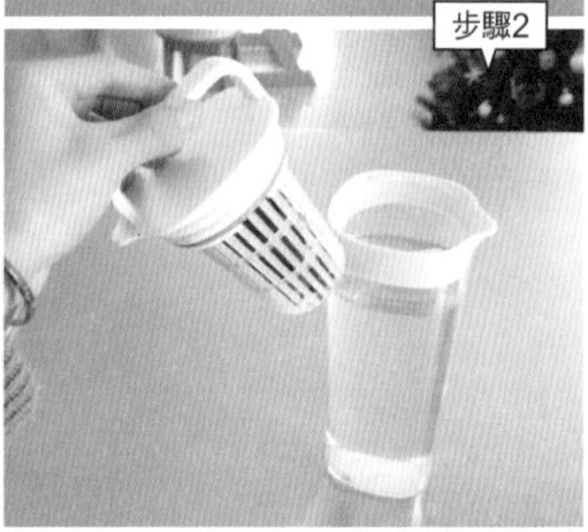

壓克力冷水筒／約1L
價格：890日圓
※照片為舊款商品

製作標籤用的紙膠帶是我的必備用品。

我總是將尺寸完美契合的小型紙膠帶和膠帶台藏在廚房的收納空間，方便我迅速替果醬或常備菜的容器貼上標籤。我喜歡灰色的紙膠帶，寫上去的文字很清楚，外觀也很時尚，相當實用。

↓Maki

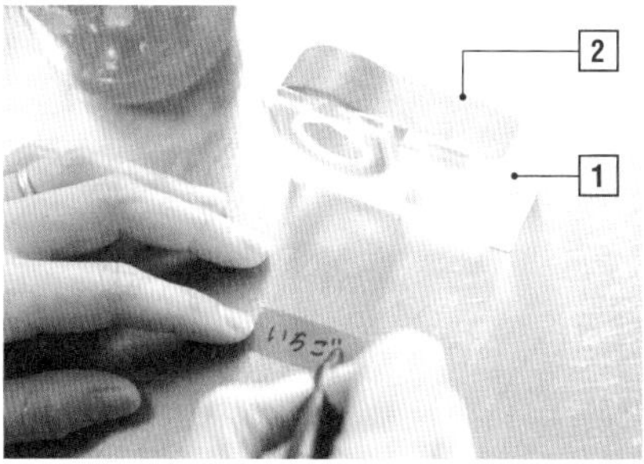

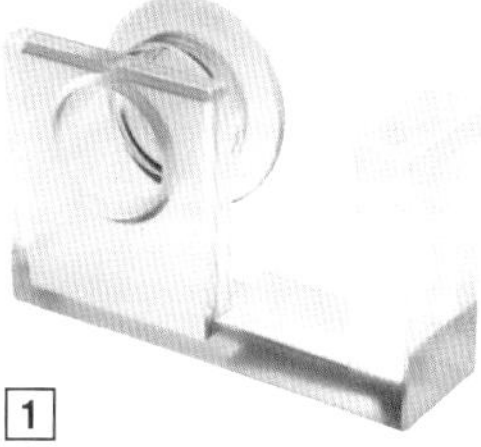

1

壓克力膠帶台
對應寬18mm膠帶
價格：190日圓

2

和紙膠帶／3色
（暗紅、米、灰）
價格：390日圓

將檔案盒藏在水槽下方用來收納食譜書。

食譜書很容易隨意放在客廳，但會用到的地方明明就是廚房。將檔案盒藏在水槽下的空隙，用來收納食譜書，想要查詢食譜的時候就不用多跑一趟了。

↓渡邊

聚丙烯立式斜口檔案盒／A4
約寬10×深27.6×高31.8cm
價格：590日圓

摘錄自己喜歡的食譜集中放入收納夾。

我構思菜單時參考用的食譜，集中收在「聚丙烯照片、明信片夾／2層」，並收納於餐具櫃。一本就能解決問題，節省了空間。

↓尾崎

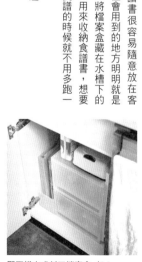

聚丙烯照片、明信片夾／2層／5×7尺寸
56口袋／兩面型半透明
價格：290日圓

瀧澤媽媽小妙招
超級好用的廚房用品。

我們家是
掛在抽油煙機上！

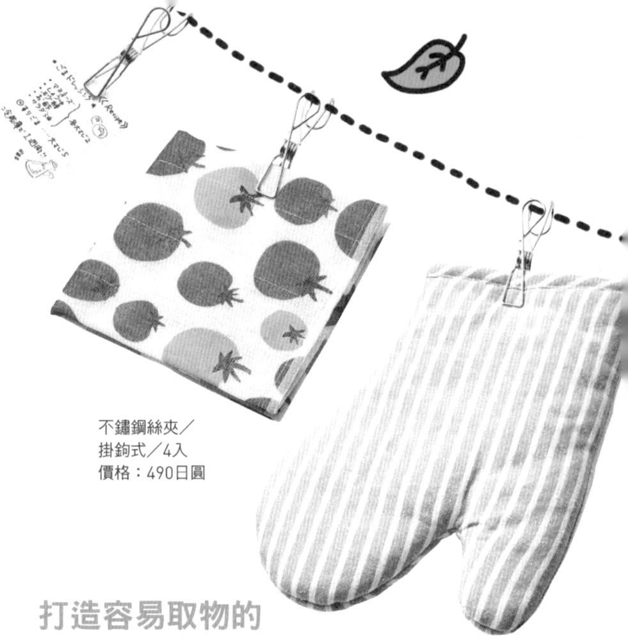

不鏽鋼絲夾／
掛鉤式／4入
價格：490日圓

打造容易取物的廚房收納機制！

用夾子夾住隔熱手套和抹布，掛在抽油煙機上，就能實現方便拿取的懸吊式收納。「這款夾子夾得很緊，東西不容易掉下來，可以安心使用。」瀧澤媽媽說。食譜也可以列印下來夾著，方便邊煮邊看。

木製方形托盤
約寬27×深19×高2cm
價格：1490日圓

用托盤盛裝每日三餐和點心瞬間變成一份精緻套餐！

將餐點放在木製托盤上，就好像一份套餐，孩子看到也非常開心。而且用托盤裝好每個人的那一份飯菜，吃飯時就能輕鬆端上桌，木頭的材質也讓飯菜看起來更美味。即使食物掉到托盤上，也只需要拿抹布一擦就能清理乾淨。

我們邀請知名料理研究家
「瀧澤媽媽」（奧田和美女士），
分享她喜愛的無印良品廚房用具與使用方法！

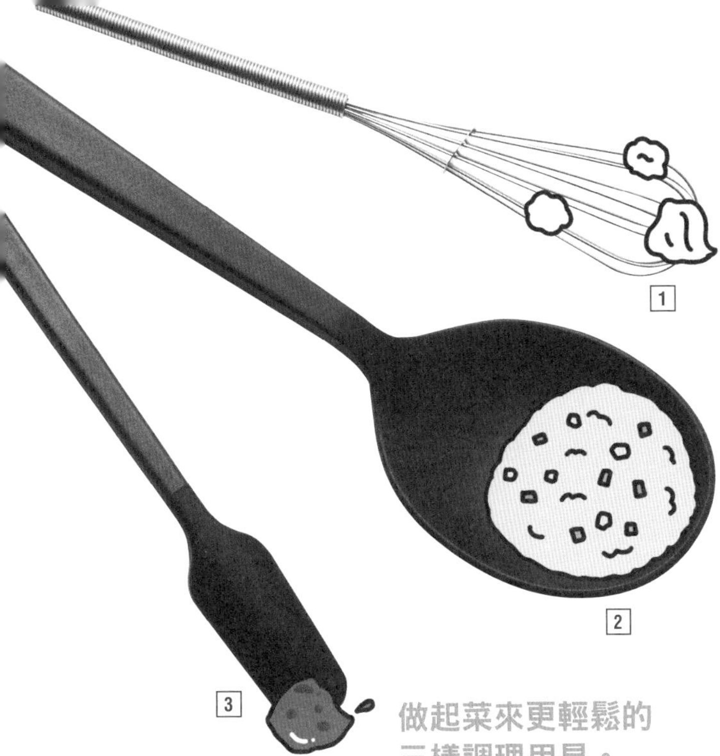

1 不鏽鋼攪拌器／小
價格：390日圓

2 矽膠調理匙
價格：490日圓

3 矽膠果醬匙
價格：390日圓

做起菜來更輕鬆的三樣調理用具。

這三樣東西是瀧澤媽媽做菜時必備的工具。攪拌器非常適合用來混合味噌等偏硬的材料；果醬匙雖然柔軟，但也有一定的韌性，非常適合用來刮取醬料，據說瀧澤媽媽家裡就有三把。至於調理匙，瀧澤媽媽更是讚譽有加，認為它「大小、強度和外觀都很完美」，烹飪和擺盤時都能使用，非常全能。

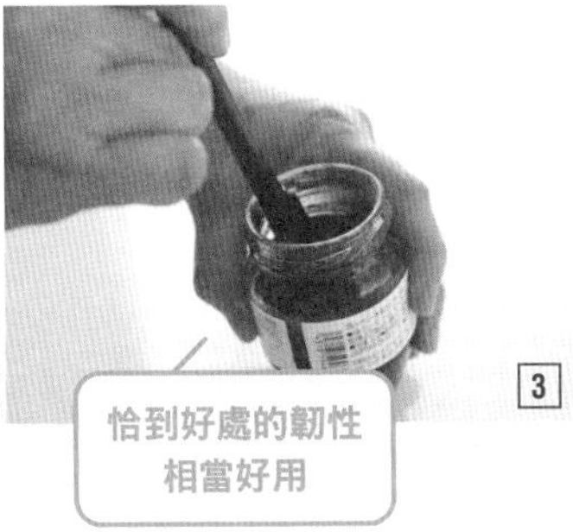

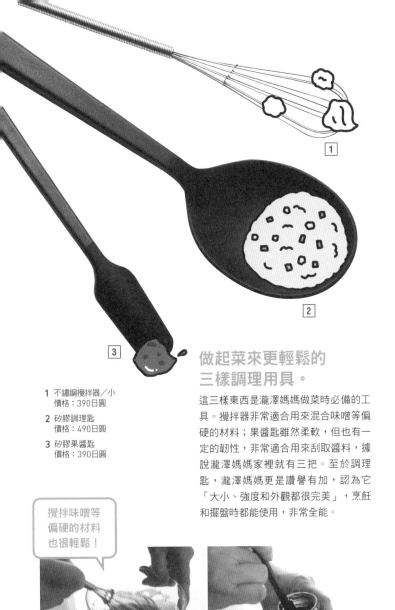

巧妙設計的角度能輕鬆撈除浮沫！

這款取泡杓的握柄與網面的角度設計得非常巧妙，能輕鬆撇去浮沫，手也不容易被水蒸氣燙到。而且網面的網目非常細緻，做甜點時拿來撒糖粉也能撒得非常均勻。清洗上也很方便，容易保養。

不鏽鋼取泡杓
價格：690日圓

可堆疊使用的超方便保存容器系列

「可微波密閉式保存容器」系列，顧名思義，可以直接放進微波爐加熱，而且保存和加熱食品時都不需要使用保鮮膜，非常方便。琺瑯材質的容器保存食品時不容易吸附異味，而且密封程度高，用來裝咖哩之類的食物，也不會讓冰箱都是咖哩味。這兩個系列的產品我都會使用。

用來冷凍
炸物簡直完美！

2
琺瑯保存容器／大
約寬19×深23.5×高5cm
價格：1490日圓

琺瑯保存容器／簡易式用蓋／大
約寬19.5×深24×高1cm
價格：350日圓

聚丙烯檔案盒／標準型／寬／
A4／白灰
價格：790日圓

平底鍋和便當用的小東西收納重點在於方便拿取！

水槽底下的收納空間並排三個檔案盒，將平底鍋立起來收納。檔案盒可以容納二～三把平底鍋，玉子燒鍋也可以裝進來。此外，製作甜點用的小東西（如擠花嘴、竹籤、馬芬杯等）和準備便當調理器具，也分好類別收納在這裡。

1
可微波密閉式保存容器
（大　價格：1290日圓／中　價格：890日圓／
小　價格：690日圓／深型・大　價格：1490日圓／
深形・中　價格：990日圓／深形・小　價格：790日圓）

大公開

大家用無印良品打造了怎麼樣的生活？

我們邀請許多無印良品愛好者，
分享他們在生活中是如何運用各種方便的商品！
歡迎讀者多多參考。

Instagram KOL pyokopyokop

過著清新簡約生活，分享許多生活資訊，其中收納與清潔相關的內容特別歡迎。喜歡無印良品商品大多簡約的設計，覺得直接擺出來也很好看。

埼玉縣居民 渡邊

渡邊夫婦育有一子和一隻愛犬。為了家裡這兩個活蹦亂跳的小朋友，布置房間時得比別人多花一番心思。

部落格作家 DAHLIA★

對家中堆滿滿的物品執行斷捨離之後，開始打造簡約的生活型態。無印良品的每一項產品都設計得十分簡練，使用效率極高，非常契合現在的生活。

Instagram KOL 藤田

無印良品死忠粉絲，家中的家具和收納用品「幾乎找不到其他品牌的東西」，處處可見值得效仿的生活智慧。

Instagram KOL emiyuto

一家四口住在充滿北歐風情的房屋，時常分享全家人與生活中的大小事。其中特別值得關注各種利用無印良品產品清潔與整理的方法。

Instagram KOL ta___kurashi

貼文主打「量力而為的簡單生活」，轉眼間便大受歡迎。特別喜歡無印良品的收納用品，尤其是方便的小物收納系列。

Instagram KOL mayuru.home

打造了一套全家人都知道每樣東西放哪裡的收納機制。她喜歡無印良品產品的簡約設計，認為即使直接就這樣擺出來也不難看。

Instagram KOL Akane

家有四口加上兩隻愛犬。喜歡無印良品的收納用品還有文具用品。白色調的優雅房間堪稱不囤物簡約生活的典範，深受不少網友喜愛。

部落格作家 ayakoteramoto

住在一棟全面翻新的中古公寓，注重北歐風設計的生活用品。用無印良品產品收納，與家中裝潢風格完美契合。

Instagram KOL nika

簡約設計的無印良品產品，已成為她生活的一部分。她制定了一些簡單的生活規則，全家人一起實踐。

Instagram KOL Kamome

因簡約而有格調的生活風格深受網友喜愛。除了使用無印良品的經典收納用品，也靈活搭配各種浴室用品。

Instagram KOL shiroiro.home

追求簡約生活，實踐不勉強的收納方式與輕鬆保持居家整潔的方法。擁有整理收納顧問一級和日本化妝品檢定一級等證照，特別喜愛無印良品的收納用品。

整理收納顧問 小宮

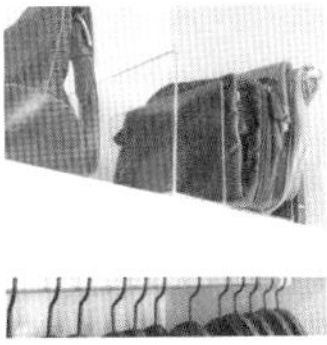

小宮一家育有兒女，花了不少心思在一家大小共同生活的情況下維持生活環境整潔，例如規定公共空間的使用規則，採「看得見的收納」，讓每個人負責整理自己的東西。

Instagram KOL Ayumi

和家人住在出租公寓。雖然家裡有兩個孩子，一個五歲、一個一歲，但她依然致力於打造無微不至的整理收納方式，維持房間整潔清新。

部落格作家 小小的房子

經營部落格「小小的房子」（ちいさなおうち），分享自己運用木材與單色調物品，於30.5㎡小屋打造出來的溫馨生活空間。非常喜愛無印良品的家具和收納用品。

整理收納顧問 littlekokomuji

被稱作為「最強無印良品愛好者」的整理收納顧問，熱愛自然和北歐風格裝潢。著有《無印良品完全使用攻略》（暫譯）。

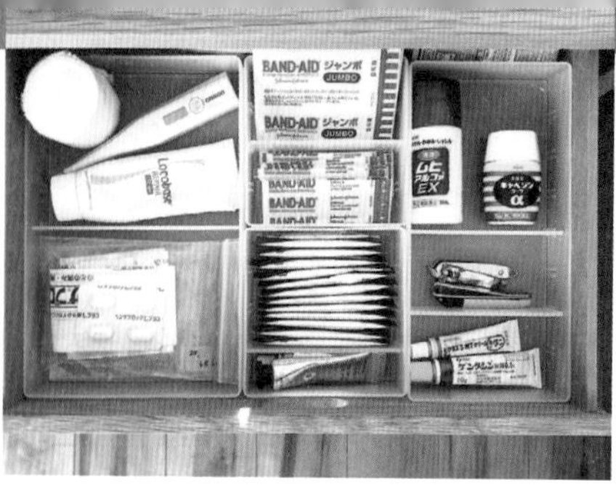

埼玉縣居民 sachi

北歐風裝潢的各個房間，都放了一個大型收納家具，集中收納物品。擺在外面的只有植物和小擺飾。

部落格作家 mujikko-RIE

兩個孩子的母親，住在熊本。經營著無印良品粉絲一定看過的人氣部落格「良品生活」，也是一名整理收納顧問和專欄作家。

茨城縣居民 U

從事建築業的公婆和丈夫攜手打造的兩代共居住宅，是親子的共同作品。挑選物品的標準是「基本卻不失變化樂趣」，喜歡藉由改變室內裝潢，為日常生活增添新意。

Instagram KOL Tomoa

與丈夫和兩個兒子一同住在建築面積35㎡的獨棟住宅，享受清新自在的生活。值得關注她運用無印良品的產品，融入簡約房間裝潢的收納方式。

整理收納顧問 大木

住在恬靜的住宅區，家裡有兩個活潑的兒子。運用自己整理收納顧問的知識，精心規劃了一套居家收納機制。

Instagram KOL yk.apari

yk.apari是一位實踐不囤物生活的極簡主義者。主要使用無印良品設計簡約的產品收納雜物，只憑藉最小限度的物品過生活。

部落格作家 阪本Yuuko

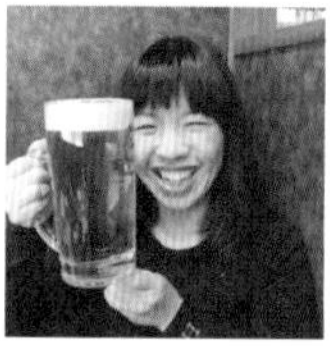

整理顧問。特別喜歡無印良品的清潔工具，體積小巧又可以折疊。她也設法讓全家人學會自己動手打掃。

簡約生活研究家 Maki

經營超人氣部落格「環保過生活」（エコナセイカツ），介紹許多節省時間和節約能源的生活技巧，著有《不用做的家事》、《不囤物生活的愛用品》、《不用做的料理》（皆為暫譯）等多部著作。

部落格作家 Yukiko

與丈夫、兩名孩子、狗、貓一同生活，是一位喜愛紅茶的簡約生活主義者。在一間小小的透天 裡追求舒適的簡單生活。

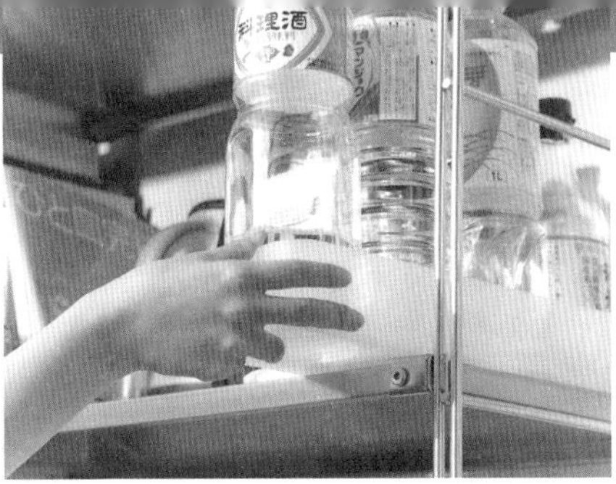

東京都居民 gomarimomo

與兩名女兒和丈夫共同生活於東京的一間公寓。家裡的三隻愛貓主要在客廳周圍隨意活動，因此她會盡量減少擺在外面的東西。

Instagram KOL Kanon

帳號充滿了愛貓和美味點心的照片，十分賞心悅目。此外也分享了許多使用無印良品食品的創意食譜，還有整理收納的小技巧等用心生活的內容。

料理研究家 瀧澤媽媽

居住於大阪府，擁有食品分析師的證照。於部落格「瀧澤媽媽@Happy Kitchen」分享許多簡單又美味的食譜，迅速竄紅。

千葉縣居民 K

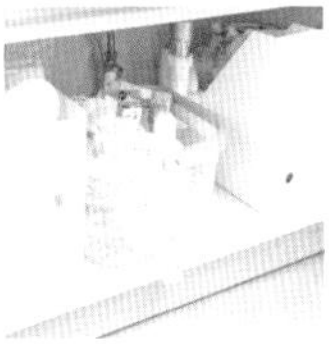

由於丈夫經常調職，她開始慎選生活用品，用心地打造一個「方便打掃整理的屋子」，讓丈夫也自然而然協助營造理想的生活環境。

Instagram KOL kumi

在忙碌而充實的日子裡，始終想著如何讓全家人過上舒適的生活。一旦發覺東西太多，便會實施斷捨離，重新整理。

整理收納顧問 尾崎友吏子

主婦資歷二十年，育兒資歷十八年，是三個兒子的母親，也是一名職業婦女。於部落格「cozy-nest小巧過生活」分享減少家中物品，提高家事效率的方法。

整理收納顧問 Osayo

兩個孩子的母親。運用自己任職裝修公司的經驗，分享許多與家事相關的創意。她的粉絲多是家裡孩子還小的母親。經常登上電視節目和各大媒體。

東京都居民 ponsuke

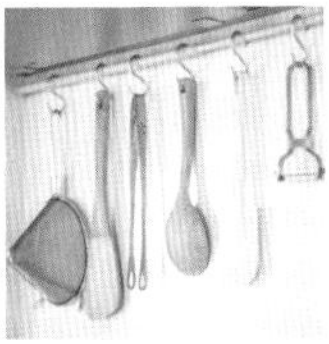

泉先生是一名廚師，目前住在一間小套房。房裡處處點綴著綠色植物，牆壁則是簡樸的白色。過去拜師學藝時培養的美感，令他挑選的雜貨樣樣別出心裁。

結語

感謝您閱讀至此。

本書的內容有賴諸位無印良品使用者，
無私分享自己愛用的產品，
以及收納和整理的創意。

實際採訪時，我們發現每位受訪者家中，
都充滿了智慧以及對生活的用心。

他們不只希望家裡變得更乾淨，
更體現了自己對於人生的期望。

我們身邊有許許多多能夠豐富生活的物品。

請從中精挑細選自己需要的物品，
用以打造理想的房間，彩繪自己的人生。

相信許多人都很煩惱家裡的東西到底要如何收納、打掃。

希望本書能帶給這樣的讀者更多靈感，
也鼓勵各位仿效書中介紹的方法。

願本書能為每一位讀者所用，
啟發各位生活上的靈感。

TITLE

無印良品　收納・家事 好感生活提案

STAFF

出版	瑞昇文化事業股份有限公司
作者	X-knowledge Co. Ltd
譯者	沈俊傑
創辦人 / 董事長	駱東墻
CEO / 行銷	陳冠偉
總編輯	郭湘齡
文字編輯	張聿雯　徐承義
美術編輯	朱哲宏
國際版權	駱念德　張聿雯
排版	二次方數位設計 翁慧玲
製版	明宏彩色照相製版有限公司
印刷	龍岡數位文化股份有限公司
法律顧問	立勤國際法律事務所　黃沛聲律師
戶名	瑞昇文化事業股份有限公司
劃撥帳號	19598343
地址	新北市中和區景平路464巷2弄1-4號
電話	(02)2945-3191
傳真	(02)2945-3190
網址	www.rising-books.com.tw
Mail	deepblue@rising-books.com.tw
初版日期	2024年12月
定價	NT$ 380／ HK$119

ORIGINAL EDITION STAFF

ブックデザイン	奥山志乃(細山田デザイン事務所)
掲載協力	整理収納アドバイザー・すはらひろこ
執筆	滑川穂乃佳 村田智子（エックスワン）
写真	fort
印刷所	シナノ書籍印刷株式会社
協力	良品計画

國家圖書館出版品預行編目資料

無印良品收納.家事好感生活提案 /
X-knowledge Co.Ltd ; 沈俊傑譯. -- 初版.
-- 新北市 : 瑞昇文化事業股份有限公司,
2024.12
176 面 ; 21x14.8 公分

ISBN 978-986-401-792-8(平裝)
1.CST: 家庭佈置 2.CST: 空間設計

422.5　　113017853